NO.55
Hand Made 巧手易

拼布袋物语 2

河南科学技术出版社
·郑州·

Hand Made 巧手易

NO.55 CONTENTS

封面作品作者 / 林欣汝老师
Elena老师
封面摄影 / 萧维刚
封面设计 / 陈启予

拼布新鲜事

拼布袋物语

我爱贴布缝

董事长暨发行人 吕世文
财务总监 谢丽闵
董事长特助／代编辑长 苏怡绫
财务经理 Anita Yang
社务顾问 余万停
编辑部
执行编辑 王羲馨
编辑 刘芝颖
特约编辑 詹宏人

布的交响曲

衣窥曲线的秘密

拼布的艺术飨宴

Hand Made NO.55 Quilter List

特别感谢本期
协助制作

隆德贸易有限公司
苏怡绫老师
P.6

- 日本手艺普及协会
  手缝指导员
- BERNINA NSP讲师

真爱拼布
张淑真老师
P.10
TEL：02-28097296

热爱手作，喜欢尝试各种不同风格的拼布创作。
现任双连安养中心、美商优力拼布讲师。

玩布小铺
林淑茹&林欣汝老师
P.14
TEL：(02)2957-9298
http://wenbu.pixnet/blog

♥ 本期封面作品 ♥

快乐、温馨、自在是玩布小铺的坚持，让生活越来越甜是我们的梦想。但愿在玩布小铺的手作天地里，您能拥有更多幸福、乐趣及成就感。

蒲公英
林彦君老师
P.18
TEL：(02)8952-4130

1996年成为日本通信社讲师，拼布资历16年以上。曾于《巧手易》连载人气单元“编织好好玩”、“拼布VS家饰”，研究各式拼布编织技法，受到许多读者的喜爱。

木棉坊拼布美学
洪凤珠老师
P.21
TEL：(02)2429-3917

1989年成立教室至今已20多年，在拼布的世界里追寻美丽和成就感，让生活沉浸在艺术之中。

七彩鸟拼布学园
石碧霞老师
P.24
TEL：0935-872578
http://www.wretch.cc/blog/peggyph

喜欢拼布的手作玩家，用一颗温柔的心，享受拼布所带来的宁静。

自由作家
Elena老师
P.28

♥ 本期封面作品 ♥

简单婉约的设计，是Elena老师的创作风格，熟稔于Bernina的运用，激发你我的学习欲！

买布玩乡村杂货
张慧玲老师
P.31
TEL：(02)2282-8390
http://blog.xuite.net/quilt1004tw/quilt

畅销书《拼布创意MY布玩》人气作者。拼布设计资历19年。作品曾四度登上《巧手易》封面，与先生一起打造买布玩乡村杂货，共同经营一个幸福的手作空间。

Shinnie's House
Shinnie老师
P.35
TEL：(02)3343-3626
http://tw.myblog.yahoo.com/quilt-shinnie/

温馨可爱，是Shinnie一贯的手作风格；简单幸福的手作感，是老师一直追求的目标。著有《Shinnie的手作兔乐园》《Shinnie的布童话》，第三本书正在筹备中。

潘妮拼布
潘妤莹老师
P.38
TEL：(04)2333-5690
http://tw.myblog.yahoo.com/penny227320/

从事拼布近7年，喜欢将布片拼凑在一起的美好，创作出这样一个爱幻想的女孩——多妮，用拼布实现了脑海幻想的情境，新书《打开多妮的贴布缝日记》，正在热卖中！

自由作家
Ann
P.41
patchworkerann@gmail.com

《巧手易》专栏作家，喜欢制作、设计专给幼儿使用的可爱拼布小物。作品连载持续中……

T H A N K　Y O U

隆德贸易有限公司
许爱敏老师

P.43

http://www.patchworklife.com.tw/

资深拼布老师，现为布能布玩拼布生活工坊高雄门市店长。把拼布当成生活的一部分，与针线、缝纫机相处的分分秒秒，是最幸福的时刻。

雪小板的手作教室
雪小板老师

P.45

部落格：http://tw.myblog.yahoo.com/snowy-handmade/
粉丝团：http://www.facebook.com/snowyhandmade

创意拼布作家，喜爱天马行空的幻想，善于利用图案及配色，营造温馨欢乐的幸福感。目前拥有自己的手作教室，并开发多元的手作课程，与大家分享创意生活的乐趣！！

拼布花园
庞慧如老师

P.49

TEL：(02)2393-8606

拼布资历近14年，对色彩搭配尤其拿手，不论手缝还是机缝，都能展现拼布之美。作品常刊登于各种拼布杂志，包括日本专业拼布杂志。著有《拼布花园》一书。

布伊坊
映衣老师

P.53

TEL：0988-630256
http://tw.myblog.yahoo.com/sewinghouse-youi

日本文化女子大学服装社会学研究所毕业，研究拼布与社会关系，具有日本手艺普及协会指导员资格。现在师从拼布作家小关铃子。相信用拼布也可以拼出自己的人生色彩。

创意作家
詹砳老师

P.56

独特的图像创意杂货布作家，曾在各大杂志上发表作品，希望以最单纯的元素来传达作品的各种表情，更盼望为大家带来温暖及幸福的感觉。

一布一脚印的拼拼凑凑
黛西老师

P.59

http://tw.myblog.yahoo.com/quilter-daisy/

自2007年接触手作布偶后，完全爱上布艺，也让自己成为专业拼布人，不断尝试与学习，并从中获得精神上的满足与踏实，愿用一布一脚印的拼凑努力完成梦想！

小野布房
魏廷伃&简雪丽老师

P.61

TEL：(02)2772-2007
http://tw.myblog.yahoo.com/onoya_3514/

有个像家一样的工作室，通过创作分享对生活的真实感受、对幸福和美好的追求。这里有音乐、咖啡招待我们的朋友，还有亲手种植的花草展现出蓬勃旺盛的生命力。喜欢用心、用双手记录真实生活中的点点滴滴。

隆德贸易有限公司
李青绮老师

P.64

・BERNINA 机缝讲师

徐旻秀老师

P.68

TEL：0911-120808
juliaminghsiu@yahoo.com.tw

资深拼布名师，作品《曙光》于2009年获美国AQS拼布人学会奖第3名。持续20年不变的兴趣，足以见证拼布的魅力，希望自己的坚持及大家的支持让自己更精进！

熊手作
陈节老师

P.72

amy95251620@yahoo.com.tw

1990年成立熊手作拼布教室，日本Patchwork通信社第一届毕业生，1993年获日本清里拼布周93'拼布部门奖，1994年作品《兔子的梦》于第二届日本Patchwork交流展获第一名，1998年作品《青春舞曲》入选台湾省工研究所第六届征件，2000年获邀于诚品书店成立"私房拼缀"师生创作联展，2010年迄今为隆德贸易有限公司美术顾问。

梦想国度提袋
童话城堡零钱包

Riley Blake
Happy Ever After
系列新布

故事总是起源于『从前……』，
一直到『从此以后过着幸福快乐的日子』，
打败了坏心的恶魔后以幸福收尾。
尽管现实不能尽如人意，
还是可以保留纯真的梦想，
踏实地一步步前进，美梦终会成真的。

作品设计／苏怡绫老师　情境摄影／林宗亿　编辑／苏怡绫・刘芝颖　做法绘图／林巧佳　美术／韩欣恬　附原尺寸图

梦想国度
提袋

材料			
袋身部位	用布量	数量	备注
表布	25cm×65cm	1 片	烫棉
里布	25cm×65cm	1 片	
侧身表布	15cm×80cm	1 片	烫棉
侧身里布	15cm×80cm	1 片	
立体滚边斜布条	3.5cm×140cm	1 片	
提手布	6cm×45cm	2 片	烫棉 4cm×43cm

配件：皮绳 140cm、磁扣 1 组、3cm 圆形塑料片 2 片

完成尺寸：约长 21cm，宽 26cm，厚 12.5cm

做法

1. 依纸型画表布 1 片、侧身表布 1 片，表布依记号车缝褶子。
2. 在表布及侧身表布背面烫上单胶棉（棉不含缝份）。
3. 制作立体滚边条：
(1) 裁斜布条 3.5cm×140cm，准备 140cm 的皮绳。
(2) 斜布条对折，包住皮绳车缝固定。
4. 将制作好的立体滚边条固定在表布上。
5. 步骤 4 与侧身表布车缝接合。
6. 制作提手：
(1) 裁提手布 6cm×45cm2 条，单胶棉 4cm×43cm2 条，将棉烫在布背面，两侧向内折烫 1cm，用珠针固定后车缝两侧。
(2) 将中心 10cm 对折车缝。
7. 将提手固定在表布上。
8. 裁里布 1 片、侧身里布 1 片，同步骤 5 做法接合并留返口，再与步骤 5 的表袋身接合。
9. 步骤 8 从返口翻出后，袋口车缝一圈装饰线，钉上磁扣。
10. 取 3cm 圆形塑料片 2 片，用布片缩缝制作包扣，缝在磁扣处即完成。

1.2.

3.

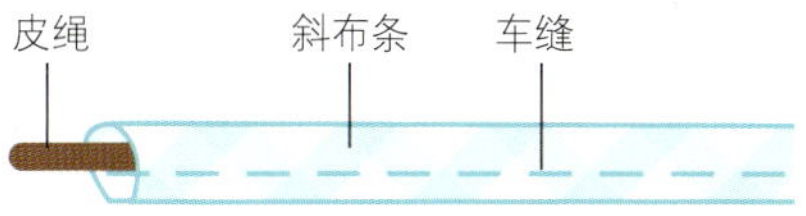

4.

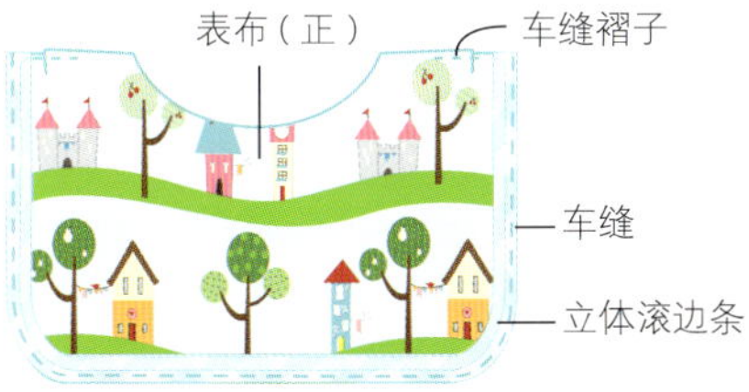

5.

6.

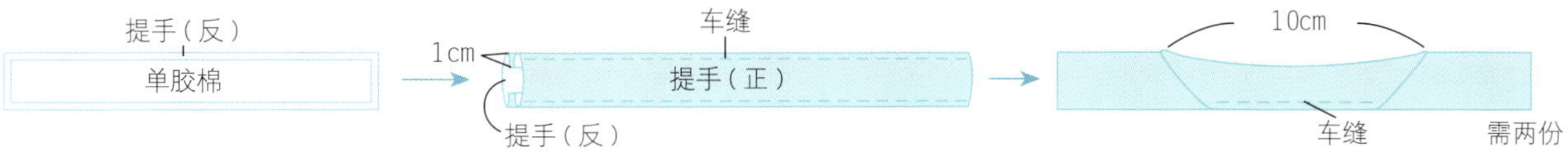

7.

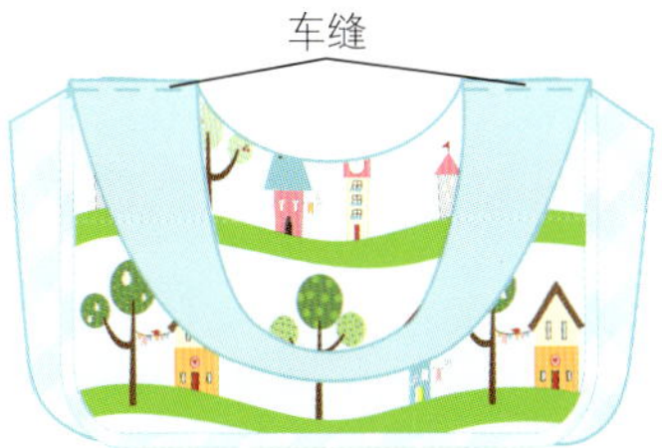

8.

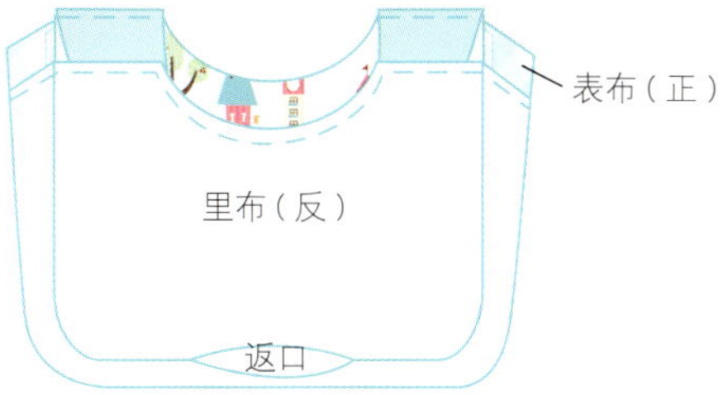

9.

10.

完成图

童话城堡零钱包

材料

袋身部位	用布量	数量	备注
表布（图案）	20cm×15cm	1片	烫棉
表布（格子）	15cm×15cm	1片	烫棉
里布	25cm×35cm	1片	
侧身表、里布	6.5cm×17.5cm	各1片	烫棉
耳朵布	5cm×6cm	2片	
拉链口布	20cm×14cm	1片	
滚边条	4.5cm×70cm	1条	

配件：15cm蕾丝拉链

做法

1. 依纸型画表布两款各1片，上下接合后缝份烫开，背面烫上单胶棉（棉不含缝份），棉的背面再贴上里布。
2. 裁拉链口布4cm×18cm表、里各2片，侧身布6.5cm×17.5cm表、里各1片，皆烫单胶棉（棉不含缝份）。
3. 拉链口布表里正面相对车缝后，再放上蕾丝拉链车缝固定。
4. 裁耳朵布5cm×6cm 2片车缝后，固定在拉链两侧。
5. 拉链口布与侧身布夹车后再与表布接合。
6. 将内里接合处滚边即完成。

完成尺寸：直径10cm

1.

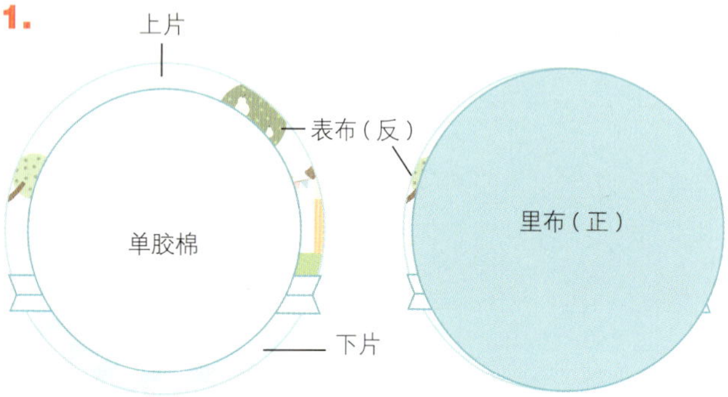

2.3.4.

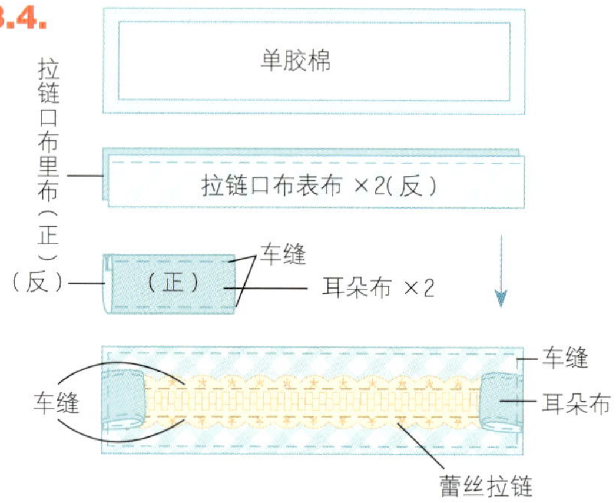

5.

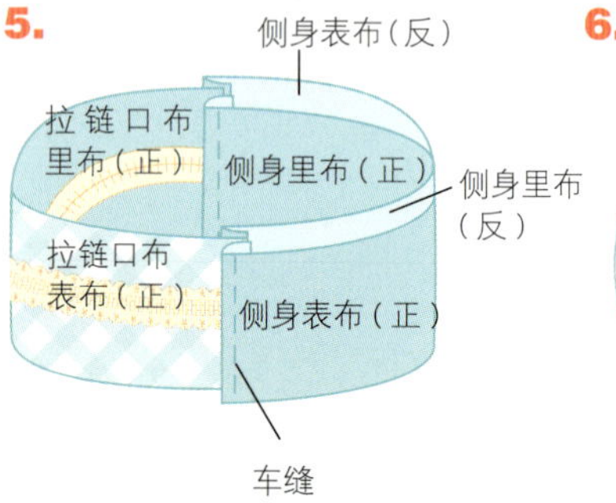

6.

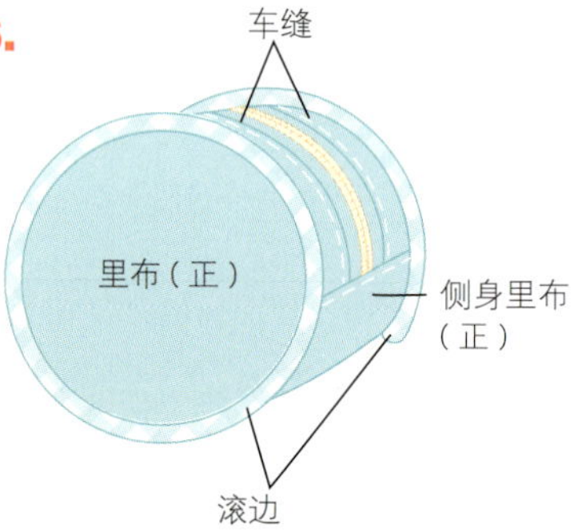

完成图

搭配小技巧

格子布 × 图案布

水蓝色系的清爽感，让童话的感觉更加梦幻。格子本身以不同透明度的线条做图纹，让整体的层次充满朝气，再通过图案布的花样让小小的零钱包更加可爱！

蕾丝拉链应用

水蓝色的中性感，加上蕾丝拉链的搭配，让袋口多了浪漫的点缀，米色的花形蕾丝有一种质朴的美丽，对于小巧的零钱包来说是个不会过分铺张又能增添精致亮点的装饰。

打理财物和重要卡片，贴合不同需求的钱夹集合喽！

拼布袋物语

钱夹是随身携带的不可或缺的单品之一，

不只是带来一份安全感，更是品位与个性的象征，

兼具实用性与独特性的钱夹，值得细心挑选布料，量身打造，

通过拼接组合，钱夹制作方式的可能性变多了，

梦寐以求的钱夹都在这里！

wallet

娃娃兵踏步走，手握权杖坚守岗位，

就是要帮你好好守住财富！

充满手作感的压缝加上风琴夹式的侧片设计，

让整个长夹沉稳又内敛。

英式娃娃兵 长夹 guard

作品设计／张淑真老师　情境摄影／詹建华　教学摄影／Celina　编辑／FIONA　美术设计／陈启予

完成尺寸：约长20.5cm，宽11cm　★ 附原尺寸图

材料

袋身部位	尺寸	数量	备注
前表布（先染布）	粗裁 23cm×14.5cm	1 片	烫单胶棉
后表布（先染布）	粗裁 23cm×14.5cm	1 片	
白色配色布	21cm×11cm	1 片	
红色配色布	1.5cm	4~5 片	
图案配色布	适量	数片	
卡片夹层布	23cm×36cm	1 片	依图示烫衬
硬衬	4.6cm×18cm	4 片	
硬衬	7.4cm×18cm	2 片	
侧片挡布	18cm×16.5cm	2 片	
硬衬	16cm×7.5cm	1 片	
里布	21cm×22cm	1 片	
拉链口袋表布	7.7cm×19cm	3 片	2 片烫厚衬
拉链口袋里布	8.7cm×19cm	1 片	
拉链挡布	4cm×2.5cm	2 片	
滚边条	4cm×80cm	1 条	

配件

15cm、40cm 拉链各 1 条，黑色、咖啡色、黄色绣线各适量，装饰扣、烫钻数颗

※ 纸型已含缝份

做法

1 粗裁前表布，并利用纸型将图案复写描上。

2 将图案的各配色布依纸型相对位置描绘剪下，先完成长夹前面背景房屋的贴布缝，再贴缝前景的部分。

3 制作后表布的英国国旗，后表布与白色配色布正面朝上重叠。描绘国旗图案后，先疏缝固定。

4 将白色配色布剪下不需要的地方，需留 0.3~0.5cm 的缝份。斜角处剪牙口。

5 缝份内折做贴布缝。

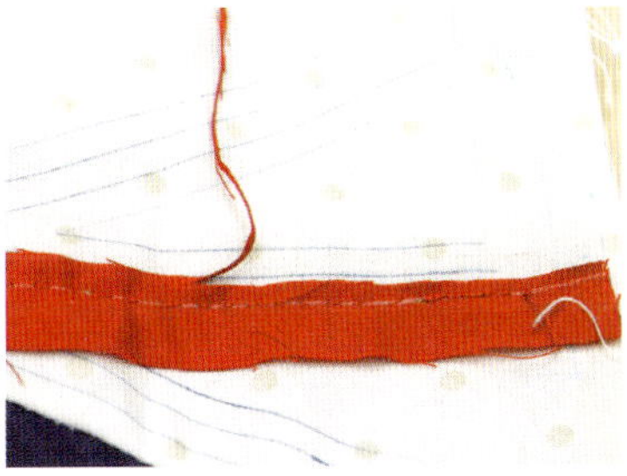

6 裁红色布条距边缘 0.5cm 画缝份线，对齐线条边缘，以回针缝固定。缝份再修剪至 0.2cm。

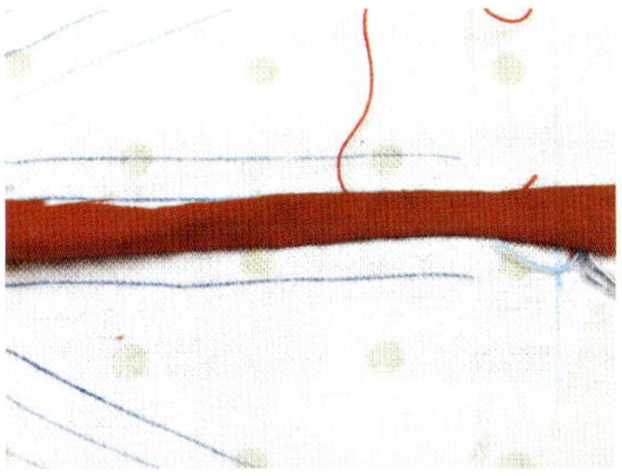

7 接着将布条往上翻，同样缝份内折 0.5cm，做贴布缝。

8 依序完成英国国旗的贴布缝。

9 表布＋铺棉＋坯布三层一起疏缝固定。

10 依自己喜好做压线处理。

11 卡片夹层布依纸型描出长夹的轮廓。

12 制作卡片夹层，依图示折烫布片后，烫上硬衬。

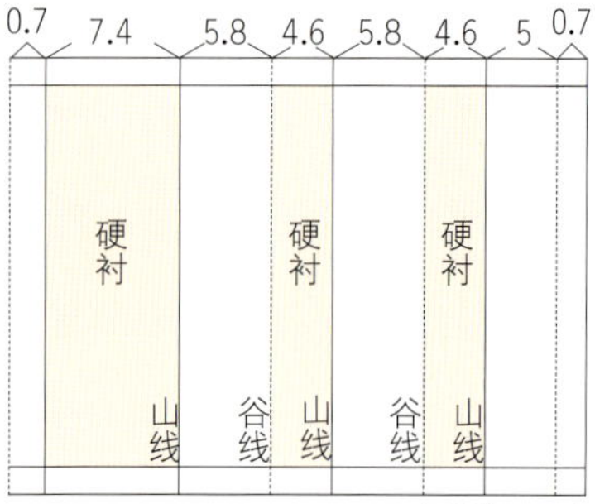

（单位：cm）

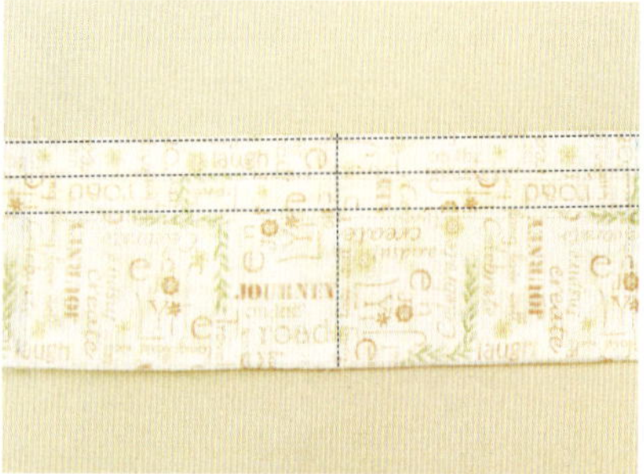

13 折烫出卡片夹层。并于各山线、谷线夹层口压缝一道相距 0.2cm 的线，居中处再车缝一道分隔线。

14 制作侧片挡布，侧片挡布一半烫硬衬，对折压一道固定线。

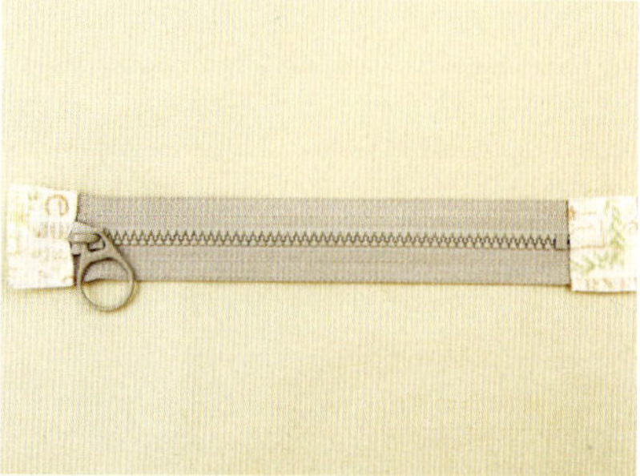

15 制作拉链口袋，拉链两端先车缝上拉链挡布。

16 将拉链口袋的表布烫上厚衬，并与拉链口袋里布夹车拉链。

17 拉链口袋在拉链处对折后，会有一片表布多出 1cm，再利用这 1cm 折 2 折包住口袋底端。

18 制作里袋夹层，里布依纸型裁剪后烫硬衬，再将卡片夹层依位置摆放后，两侧车缝固定。

19 上侧片挡布，车缝固定于卡片夹层上。

22 完成外袋拉链，将步骤 17 的拉链口袋夹缝于侧片挡布内。

23 可爱的娃娃兵长夹完成。

20 上滚边条，正面对正面疏缝于长夹表布上。

21 完成另一边滚边后，再上拉链，起点处由中心点向外移约 0.7cm 再以珠针固定一圈。缝好固定。

风琴夹式的设计，增添长夹实用性。

时尚编织 短夹包

经典的点点布经过裁剪后，编织出如泡泡般的趣味性，
结合色泽鲜明且具有特殊织纹的帆布，
再以不对称的设计表现出独特的袋盖，
使夹包充满都市的时尚风格。

vogue

作品设计 / 林欣汝老师　情境摄影 / 萧维刚　教学摄影 / FIONA　编辑 / FIONA刘芝颖　美术设计 / 陈启予

完成尺寸：约长14cm，宽11.5cm　★ 附原尺寸图

配件

13.5cm 拉链 1 条、压扣 1 组

材料

袋身部位	尺寸	数量	备注
编织布条	2cm×14cm	各 14 条	2 色
坯布	17cm×12cm	1 片	
表布 1（编织布）	依纸型	1 片	厚衬
表布 2（帆布）	13.5cm×19.5cm	1 片	厚衬
口袋布	13.5cm×18cm（含缝份）	1 片	薄衬
里布 1（帆布）	21.7cm×13.5cm	1 片	厚衬
里布 2（帆布）	依纸型	1 片	厚衬
里布 3	21.7cm×24cm	1 片	薄衬
卡片夹层布 1	52.5cm×10cm	1 片	薄衬
卡片夹层布 2	52.5cm×10.5cm	1 片	薄衬
夹层后背布 1	12cm×10cm	1 片	薄衬
夹层后背布 2	12cm×10.5cm	1 片	薄衬
滚边条	4cm×85cm	1 片	短夹的滚边条
	3cm×22cm	1 片	里布 3 的滚边条
	2.5cm×12cm	2 条	夹层布的滚边条

做法

1 裁布条2cm×14cm并往中心折烫。

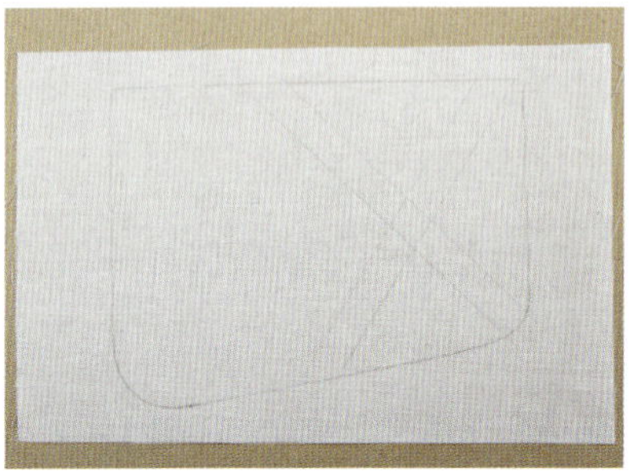

2 依纸型位置在坯布上画出 1cm 布条的基准位置，另裁下其他布、衬、滚边条等备用。

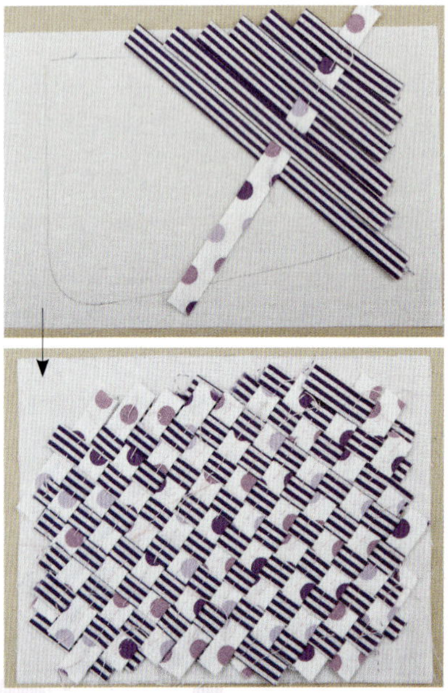

3 依基准线，将布条一一编织上去(建议一边编织一边疏缝固定)。

4 编织完成，依纸型在编织布正面画出正确尺寸，并沿线内车缝两圈固定编织布。

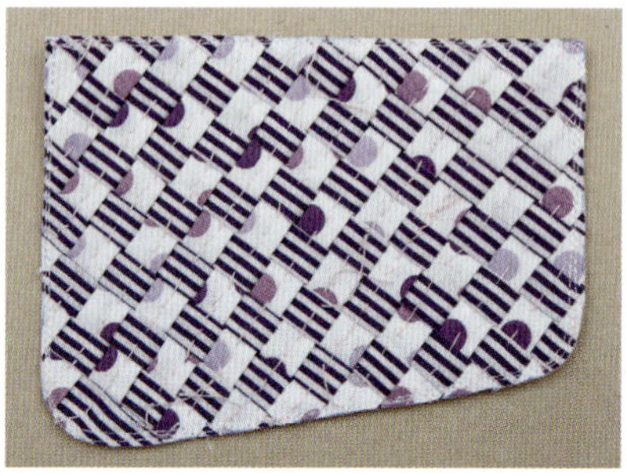

5 沿线剪下，并拆掉疏缝线。完成表布 1。

6 折烫 1cm 的直线处缝份位置。

7 制作拉链口袋，口袋布烫薄衬，再车缝上拉链。

8 步骤 5 的表布 1，以内折的缝份对齐步骤 7 的拉链边 0.5cm 处车缝固定，表布在上，与口袋布叠放。

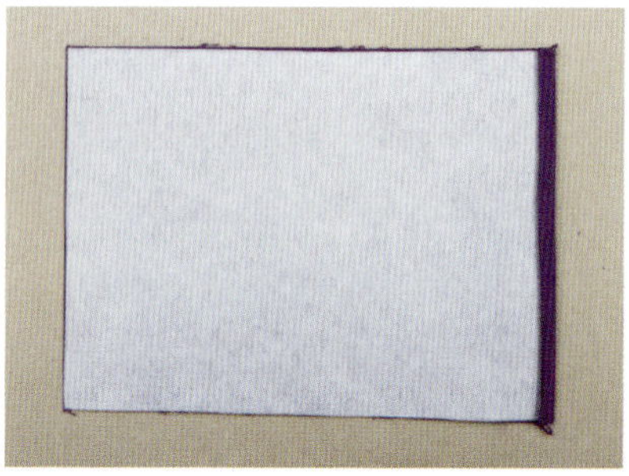

9 备表布 2(帆布)烫厚衬，再折烫 1cm 缝份，对齐步骤 8 的拉链边 0.5cm 处车缝固定。口袋布未固定的一边用藏针缝缝在表布 2 拉链上。

10 完成口袋布与表布的组合，再装上拉链头，再车缝上 D 形扣襻布，如图示。

✲ 卡片夹层

11 制作卡片夹层布 2 组。依卡片夹层图示折烫。

※ 卡片夹层分隔线（虚线为谷线）

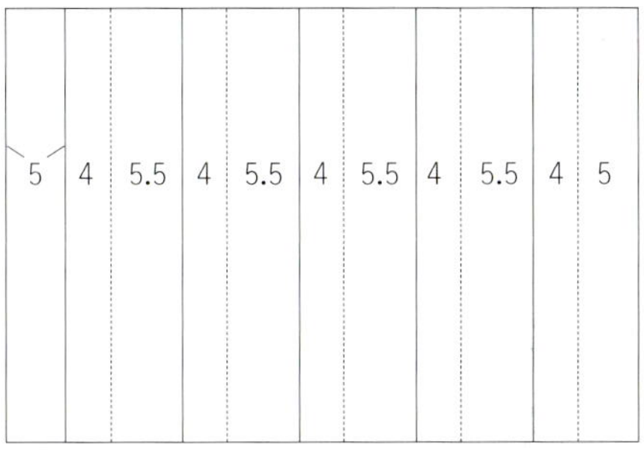

（单位：cm）

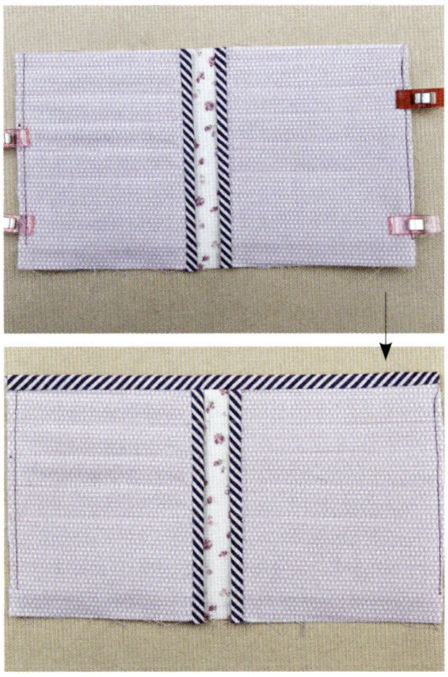

13 里布 3 一半烫衬，再对折。2 组夹层布置于两侧后再一起做滚边。

15 完成的里布与表布背对背，以强力夹固定四周后，先车缝一圈固定（车到拉链的地方要小心哦）。

16 取短夹的滚边条将短夹整体滚边（同样要注意拉链的地方）。

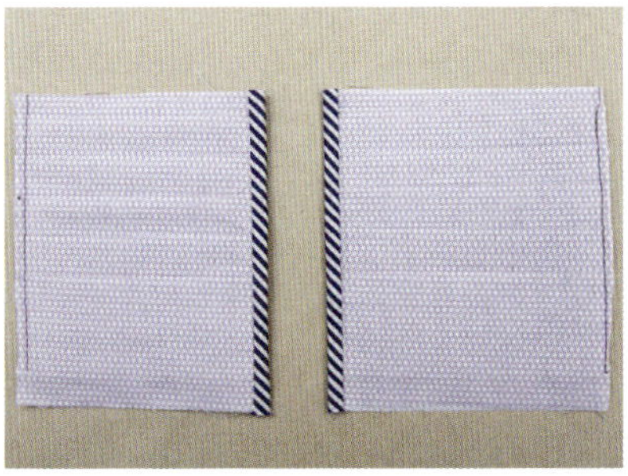

12 卡片夹层布与后背布外侧先疏缝固定，内侧则做滚边处理。

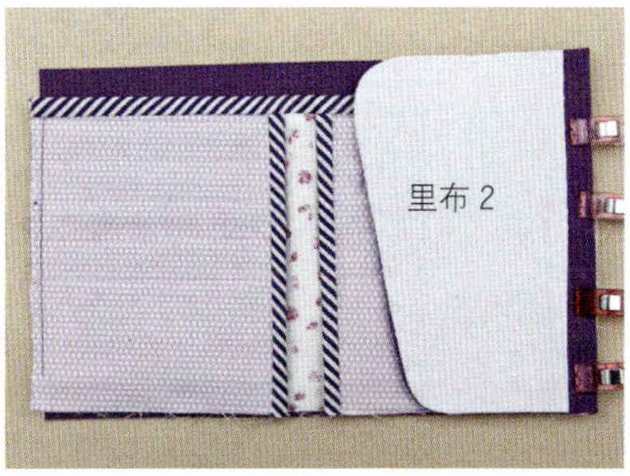

14 里布 1 和里布 2 夹车卡片夹层布。

17 钉上五金配件压扣即完成。

18 可依个人喜好再装上可爱的小配件，以增添甜美感。

金黄亮丽的色泽，如同一条条的阳光，
再利用防水的材质搭配巧思细细编织。
将流行元素结合布夹，呈现经典感十足的包款，
即可开始好运大收集！

lucky 好运编织 长夹包

作品设计／林彦君老师　情境摄影／萧维刚　教学摄影／刘芝颖　编辑／Tammy　美术设计／陈启予
完成尺寸：约长18cm，宽11cm

材料

黄色防水布 90cm
格纹布 30cm
厚布衬 30cm
薄布衬 90cm
4cm 宽滚边条 60cm

配件

金葱线
9mm 滚边器
皮扣

材料

长夹用布	尺寸	数量	备注
编织布（黄色防水布）	2cm×24cm	约 20 条	
（格纹布）	2cm×24cm	10 条	
里布	20cm×24cm	1 片	
卡片夹层布	10cm×82cm(左)	1 片	
	10cm×90.5cm(右)	1 片	
镂空卡套布	10cm×7cm	2 片	烫薄布衬
厚布衬	22cm×26cm	1 片	

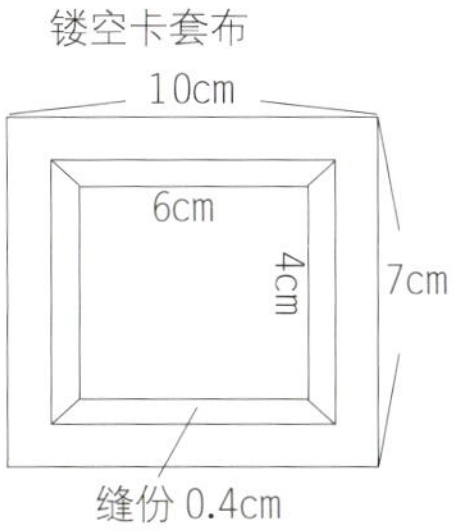

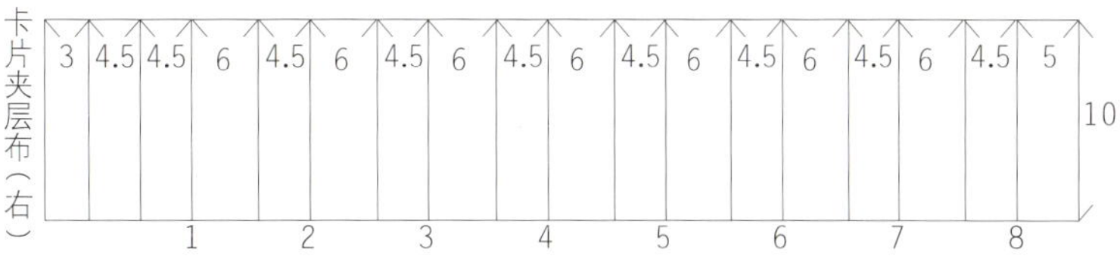

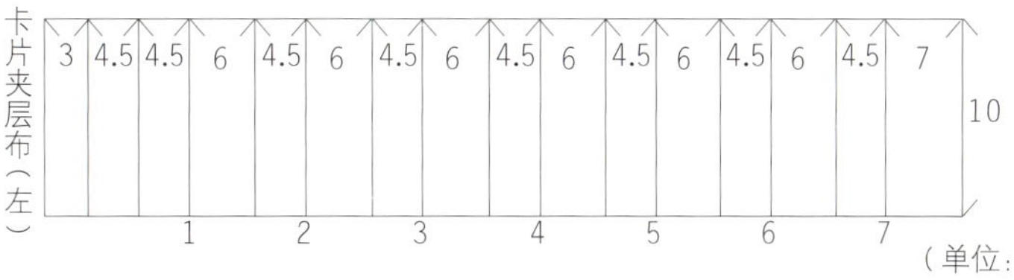

（单位：cm）

做法

编织表布

1 黄色防水布与格纹布以压烫的方式烫薄布衬。

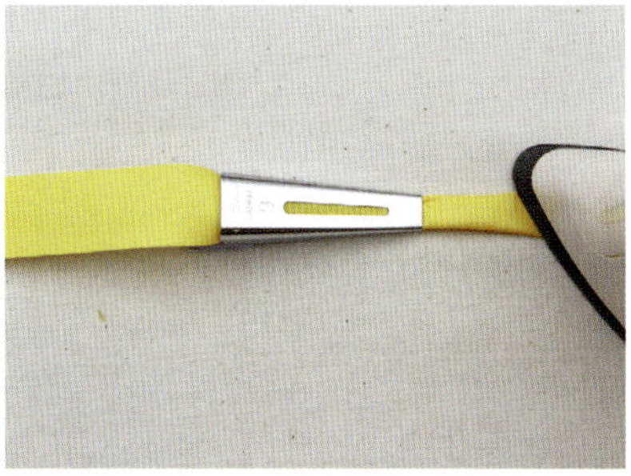

2 裁成 2cm 的布条，用 9mm 的滚边器制作编织所需的布条。

3 布条两侧车缝距边 0.2cm 的金葱线，可以呈现闪亮的效果。

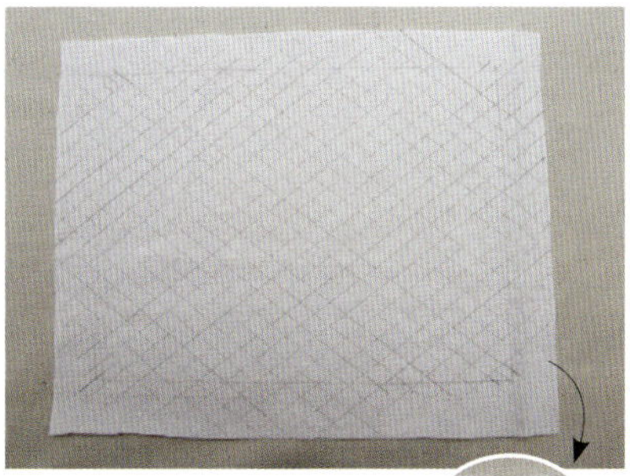

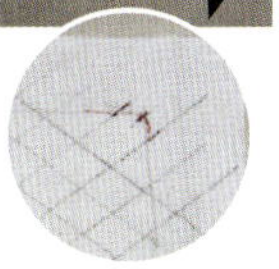

4 粗裁 22cm×26cm 的厚布衬，画出 18cm×22cm 的框。先抓对角线做中心线，左右量出 1cm 的间隔线，将框画满。

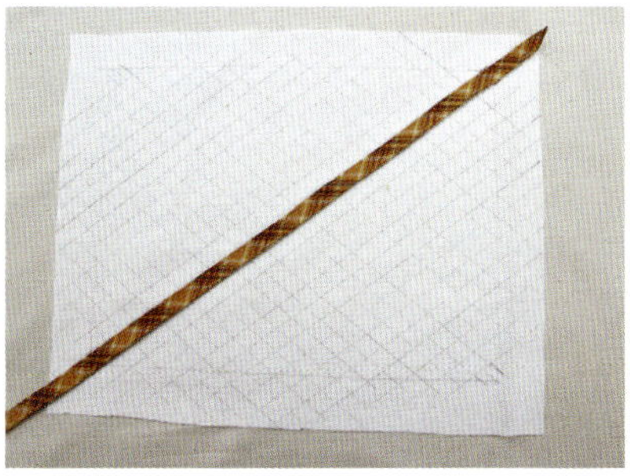

5 取 1 条车好的配色布条，先固定于中心线上。

6 布条逐一靠齐，由中间疏缝固定。

7 将布条铺满整个厚布衬。

8 开始编织，沿中心线以间隔穿插的方式编织。

9 将布条逐条穿入，至画面范围（可边穿插边调整图案）。

10 再校正一次 18cm×22cm 的范围框，并疏缝出范围线。

11 留 1cm 缝份，再将多余的布条裁掉。完成编织表布。

12 裁里布 20cm×24cm，与编织表布背面相对，先疏缝一圈。

✻ 镂空卡套

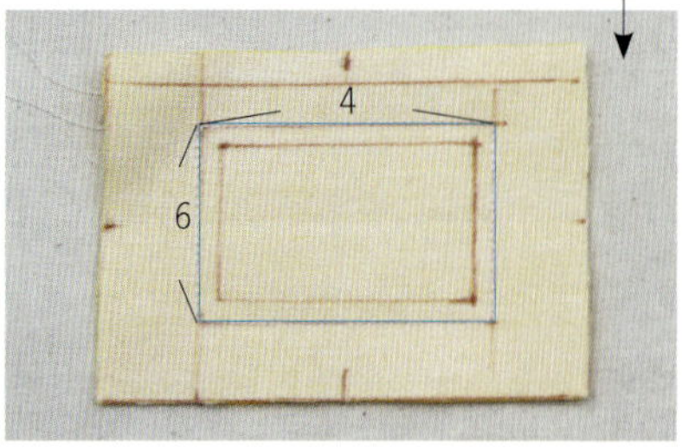

13 裁2片10cm×7cm的布片烫衬，再依图示画出6cm×4cm镂空的框，2片正面相对车缝框线。

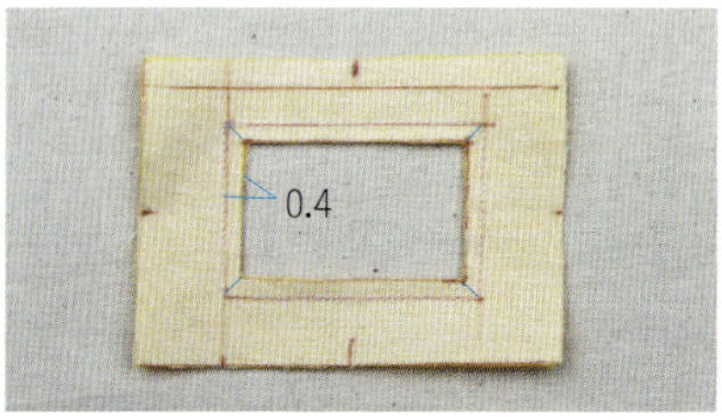

14 留框内缝份0.4cm裁下，并于四角剪牙口。

15 将布往后翻出来，烫整后于框的上方边缘与四周压固定线。

✻ 卡片夹层

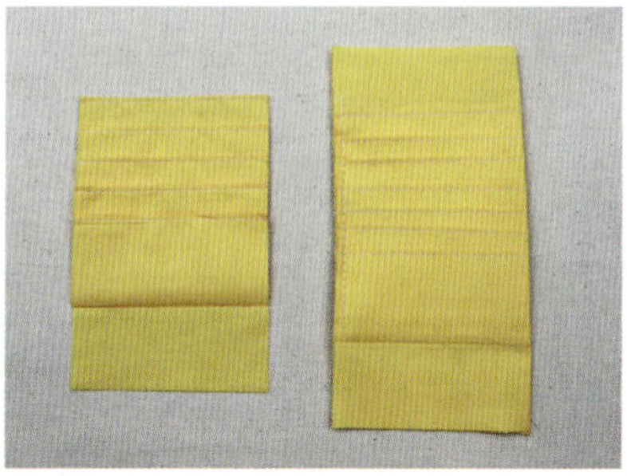

16 备10cm×82cm(左)和10cm×90.5cm(右)长的布片，依图示折烫。

17 将镂空的卡套与步骤 16 图中左边卡片夹层最后一层对齐后，两侧缝合。

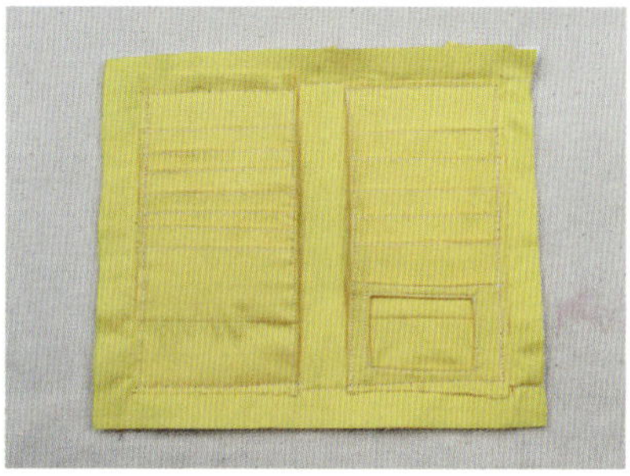

18 步骤 17 连同步骤 16 右片卡片夹层一起固定车缝于步骤 12 的里层。

19 由正面裁出 18cm×22cm 的实际尺寸，多余处裁掉。

20 备 4cm 宽的滚边条对折，向内折 0.5cm 做滚边。

21 钉上皮扣即完成。

水玉跳跃音符短夹包

琴键黑白相间♫乐音悠扬其间
指尖滑行的完美舞步♪演奏音符跳动的弧度
让我再弹一首圆舞曲♫跟着音乐摇曳出风采

作品设计 / 洪凤珠老师　情境摄影 / 詹建华　教学摄影 / FIONA　编辑 / 刘芝颖　美术设计 / 陈启予

完成尺寸：约长13cm，宽11cm　★ 附原尺寸图

材料

袋身部位	尺寸	数量	备注
A 表布	↕12.5cm×22cm	2 片	烫单胶棉
A 里布	12.5cm×22cm	2 片	
B 夹层里布	↕18cm×22cm	1 片	烫薄布衬
C 夹层里布	↕13cm×22cm	1 片	烫薄布衬
滚边条	65cm×4cm	2 条	
扣环布	↕8.5cm×6cm	1 片	
单胶棉	15cm	1 片	
薄布衬	15cm	1 片	

※ 纸型已含缝份

配件

12cm 拉链 1 条
磁扣 2 组

做法

1 依纸型裁下 A 表布与 A 里布，表布烫棉，共两组。里布也是两组。

2 表、里布各两组均疏缝一圈，备用。

✻ 零钱包

3 制作拉链零钱包，先取步骤 2 一组表、里布进行滚边。

4 完成滚边后对折，上拉链，以珠针固定再车缝。

5 接着将对折的两侧边用卷针缝缝至止缝点。

✻ 外夹包

6 制作夹层布，将 B、C 夹层里布的一半分别烫上薄布衬。

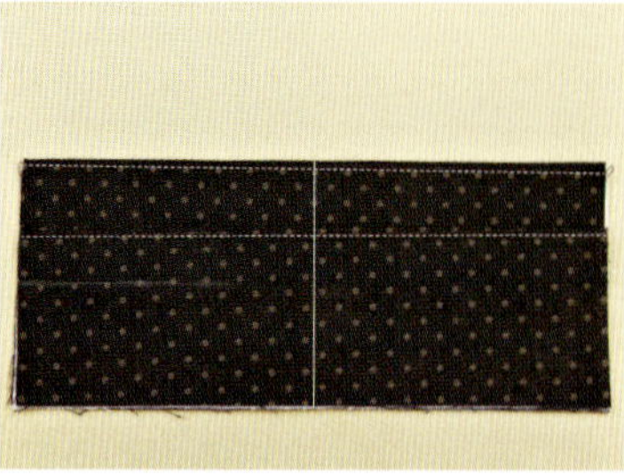

7 将夹层里布对折，折双处各车 0.2cm 固定线。两块布重叠对齐下缘，由中间车一道分隔线。

8 与步骤 2 另一组表、里布组合，先疏缝一圈。

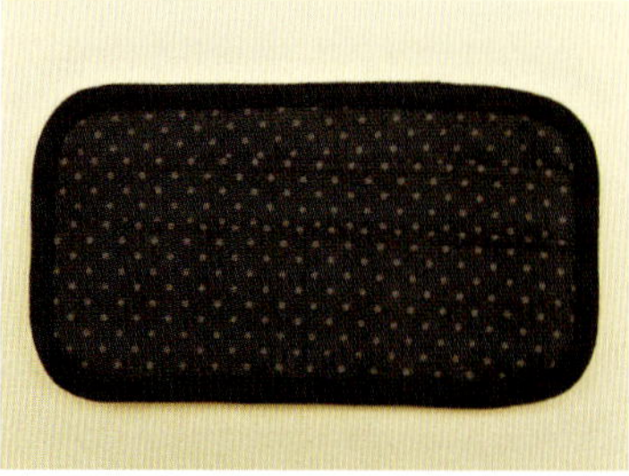

9 取滚边条绕夹层里布与表布做滚边，完成外夹包部分。

10 组合零钱包与外夹包，对齐一侧并以强力夹固定后将两侧与底部卷针缝。

11 制作扣环布，对折后车缝 0.7cm 缝份。

12 对折将缝份移至中间并烫开，再车缝一道固定。

13 翻至正面，缝线居中，将铺棉放入，返口用藏针缝缝合。

14 扣环布、零钱包与外夹包先组合，画出磁扣的相对位置，再缝上磁扣。

15 短夹完成。

作品赏析

演奏会之夜

穿上一身经典的黑白绝配，
参加一场音乐演奏会，
笑容可掬，从容大方，
优雅的姿态在音乐中绽放。

完成尺寸：长25cm，宽18cm，厚11cm

朵朵折花

长夹包

flower

用折花的技巧将来自春天的花朵收进长夹包里，
也让好运跟着来。
打开多层的卡夹与透明间隔的设计，一眼就可分辨出个人专属的东西，真是方便又实用啊！

作品设计／石碧霞老师 情境摄影／林宗亿 教学摄影／Celina 编辑／shin 美术设计／陈启予

完成尺寸：约长20cm，宽11cm

材料

袋身部位	尺寸	数量	备注
表布 A	19cm×41cm	1 片	
表布 B	24.5cm×20.5cm	1 片	烫衬
袋盖布	11cm×20.5cm	1 片	里布
袋后布	13cm×20.5cm	1 片	（防水不烫衬）
袋前布	13cm×20.5cm	1 片	
卡夹布	32cm×20.5cm	2 片	
夹层口袋布	22.5cm×20.5cm	1 片	
夹层侧片	18.5cm×12.5cm	2 片	
拉链口袋布	17.5cm×18cm	2 片	
透明卡袋	11cm×10.7cm	1 片	
口袋布片	11cm×19.5cm	1 片	

* 以上尺寸含缝份

配件

18cm 拉链 1 条、透明胶片 10cm×10cm、四合扣 2 组、小串珠 3 颗

做法

✻ **折花**

（示范表布折花另外选布制作）

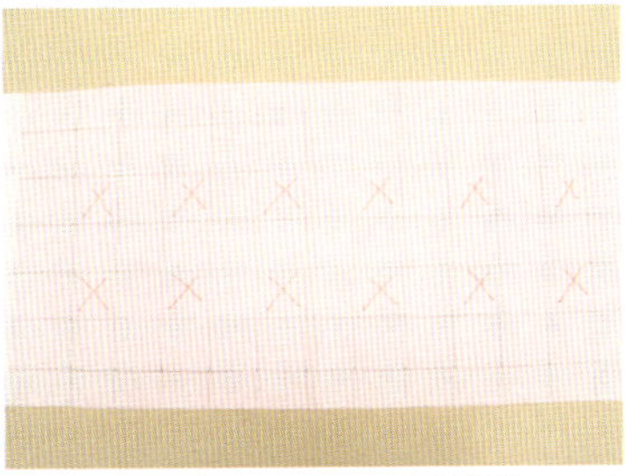

1 表布 A 背面依下图画出格线和 × 记号位置。

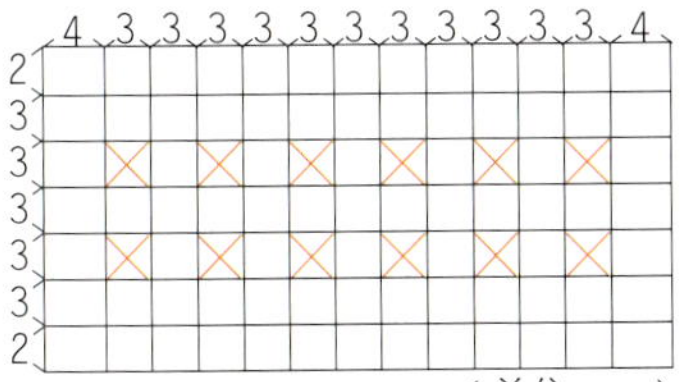

（单位：cm）

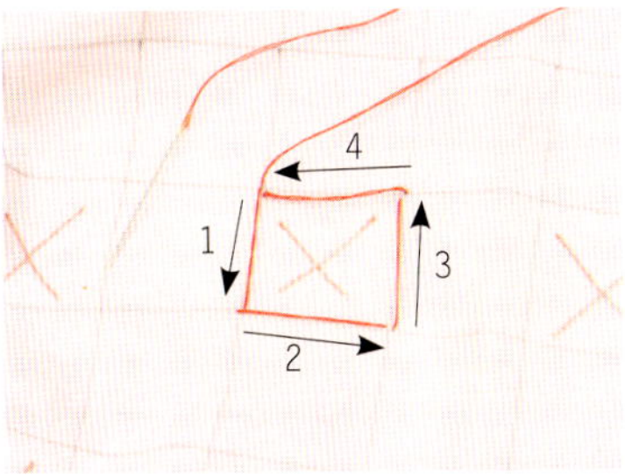

2 缝框线，由内向外起针，沿边框 4 个角缝回起点。

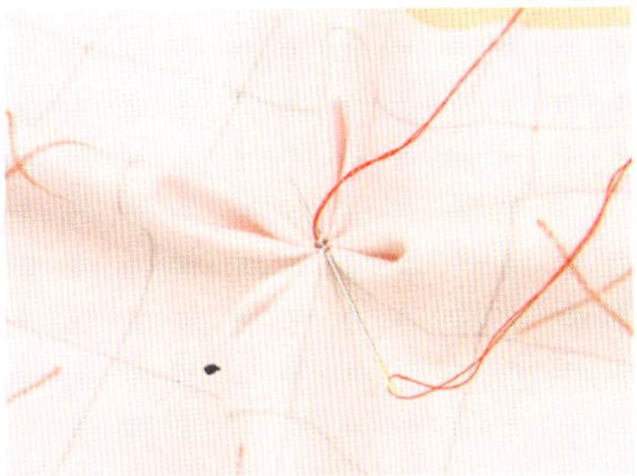

3 拉紧缝线后，再从对角方向缝合打结，固定。

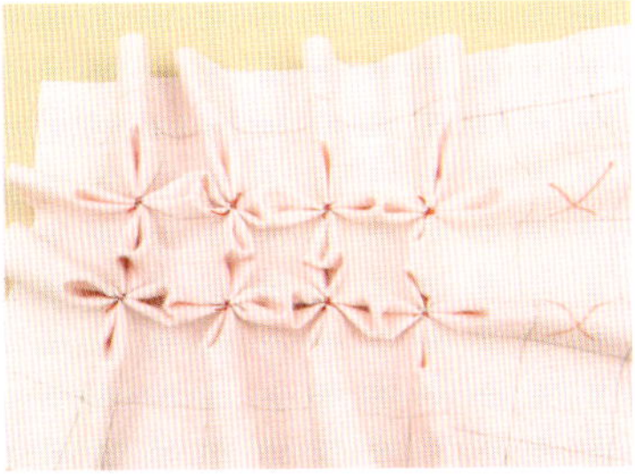

4 共完成 12 个花朵的缝合。4 个为一组，调整花形。

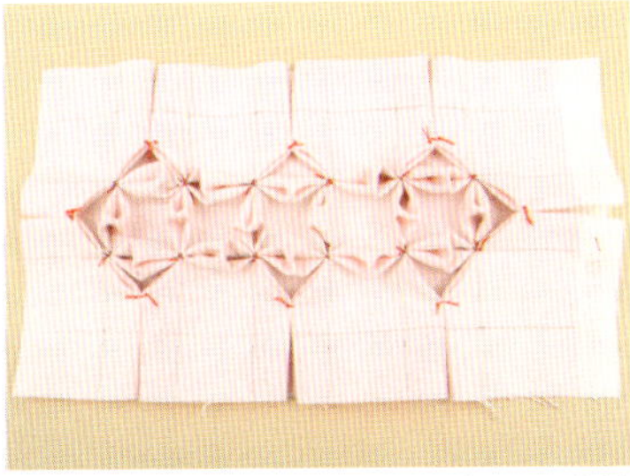

5 对齐花瓣与花瓣间的折线，以珠针固定，再缝合角对角的地方，如图。

6 由内向外将花瓣推至表面，让背面呈现如图的方块。

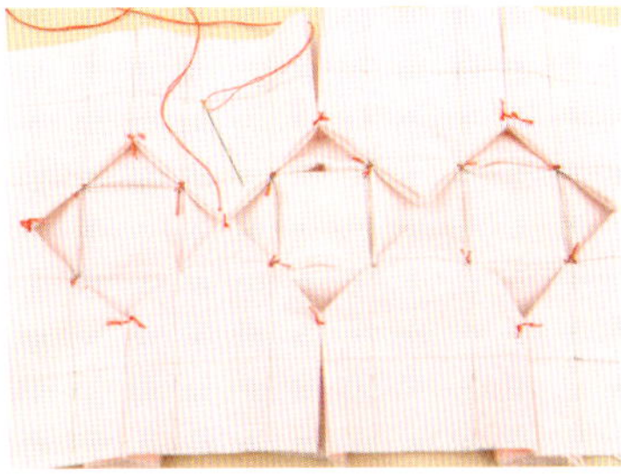

7 推完后，格与格间的小方格会出现 2 组对角三角形，再将其缝合固定。

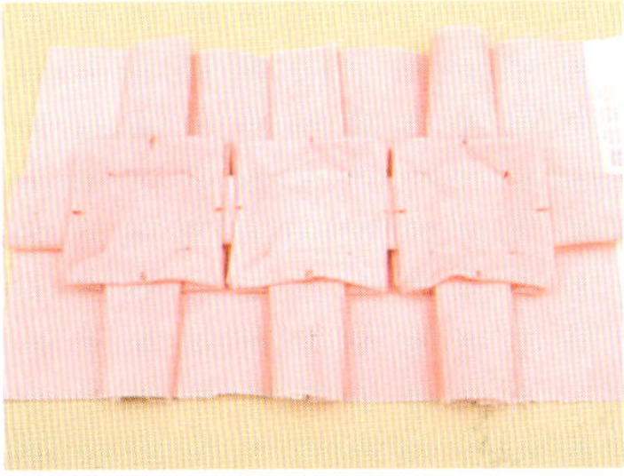

8 翻回正面，将每个方形找出 4 个中心点。

9 依步骤 2 将 4 个中心点拉缩缝合固定。

10 调整花瓣，将 4 周拉出完整形状后，再画出 11cm×20.5cm 的完成尺寸框。

✻ 透明卡袋

11 制作透明卡袋，依下图先画出框线，再剪掉中间的方框，并将内框缝份往外翻。

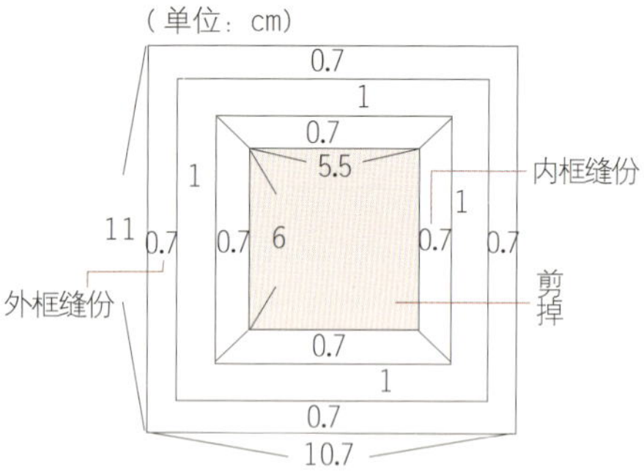

12 贴上剪成 9cm×8.5cm 的透明胶片，外框缝份内折，翻正面将内框车缝固定，上缘车固定线。

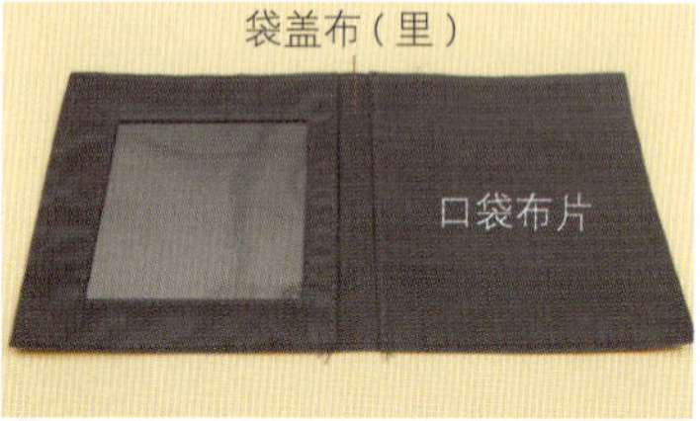

13 口袋布片对折，对折处车固定线，再备袋盖布将车好的口袋布片与透明卡袋缝合于两侧。

✻ 卡夹袋

14 车缝卡夹布，依下图折出卡夹布的山、谷线，并于山线车缝相距 0.2cm 的固定线。需完成 2 份。

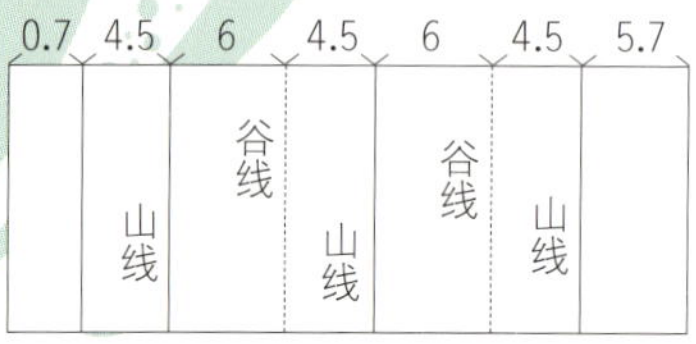

15 分别与袋后布和袋前布的下缘对齐后，车缝卡夹布最底层所预留的 0.7cm 缝份线。

16 车缝中心分隔线，完成袋后布与袋前布卡夹袋。

✻ 拉链口袋

17 制作拉链口袋，将 2 片拉链口袋布分别夹车拉链。

18 翻回正面，压缝 0.2cm 的固定线。

19 另一面以相同方式夹车拉链，翻回正面再压缝 0.2cm 固定线后，车缝两侧，完成拉链口袋。

✻ 夹层侧片

20 制作夹层侧片 2 组，夹层侧片布对折车缝，缝份打开并置中车缝一侧固定，两端打斜角。

21 翻至正面，上下及右侧压缝固定线，左侧开口处预留 0.7cm 缝份，其余均分折 3 折。

22 完成 2 组夹层侧片，缝合于袋后布的两侧。

✻ 夹层口袋

23 制作夹层口袋，夹层口袋布正面相对车缝两侧，袋底剪斜角后翻正面，中心位置表示四合扣位置。

24 将夹层口袋与夹层侧片缝合，夹层口袋底与袋后布的底对齐缝合。

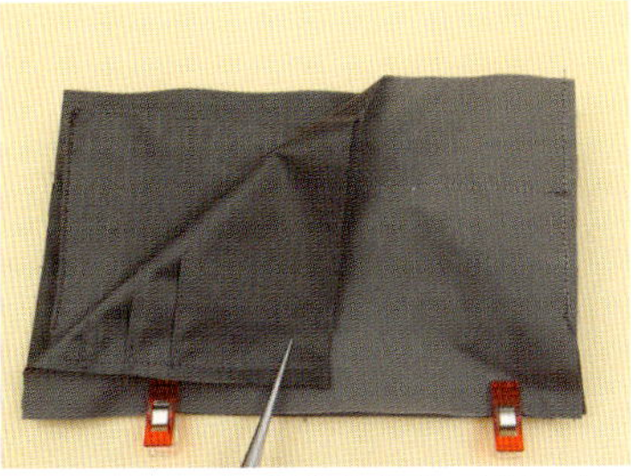

25 接着与卡夹袋的袋前布正面相对对齐。

26 车缝后，缝份倒向袋前片，再车压固定线。

27 取步骤 13 的透明卡袋的袋盖布，与袋后布正面相对。

TIPS

1. 钉扣子的里布最好再加上一层铺棉，以增加四合扣的稳定性。
2. 防水材质的里布，整烫时最好用低温。

28 车缝固定，缝份倒向袋后布，再车缝固定线。完成里袋的车合。

29 表布 B 烫衬，与步骤 10 表布 A 正面相对车缝上缘，并剪掉多余缝份。

30 正面压 0.2cm 固定线后，再与步骤 28 的里袋正面相对车缝一圈，袋前片留 15cm 的返口。

31 由返口翻回正面，稍加整烫后，依记号点钉上四合扣。

32 缝合返口，最后将拉链口袋贴上水溶性双面胶带，贴于夹层内再车缝固定。

33 正面花心缝上小串珠装饰即完成！

午后马卡龙
Macarons afternoon

下午茶时光，
品尝一份简单的优雅，
让红茶内的单宁，
调和马卡龙的甜蜜，
吃进巴黎的风味，
恍如置身蒙特罗的浪漫

作品设计/Elena老师 情境摄影/詹建华 编辑/Elena老师・刘芝颖 做法绘图/韩欣恬 美术设计/陈启予

完成尺寸：约长31.5cm，宽19.5cm

材料 ※尺寸皆含缝份

袋身部位	尺寸	数量	备注
表布A	4cm×19.5cm	1片	烫单胶棉
	10.5cm×19.5cm	1片	烫单胶棉
表布B	11cm×19.5cm	1片	烫单胶棉
	12.5cm×19.5cm	1片	烫单胶棉
拉链里布a	19.5cm×12cm	1片	
拉链里布b	19.5cm×20.5cm	1片	
拉链口袋布	19cm×13.5cm	1片	

袋身部位	尺寸	数量	备注
内部口袋表、里布	11cm×19.5cm	各1片	
内部底布	24cm×19.5cm	1片	
	5.5cm×19.5cm	1片	
	6cm×19.5cm	1片	
卡片口袋	47cm×19.5cm	1片	烫衬
滚边布	4cm×105cm	1条	
挂笔布	3.5cm×4cm	1片	

配件

13cm拉链、蕾丝、贝壳扣1组

做法

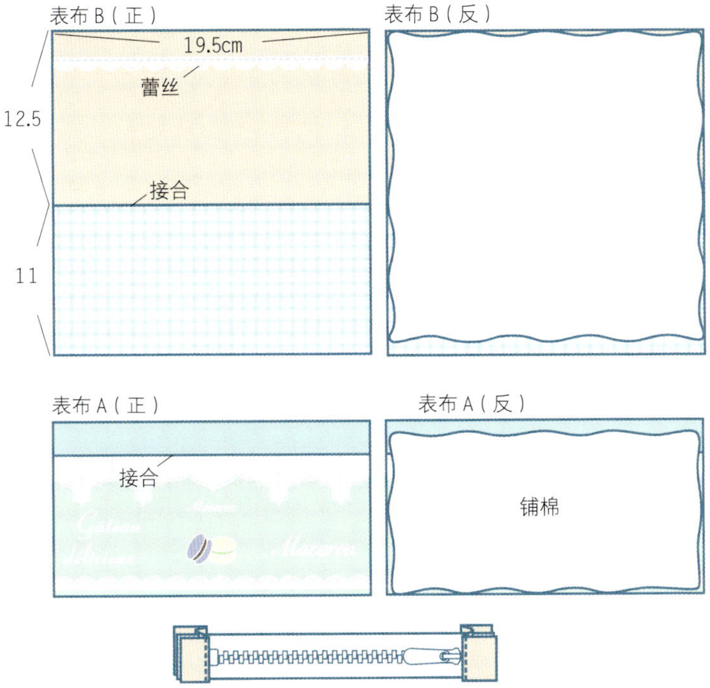

1. 依尺寸裁好布后接合成 A、B 2 片，烫上单胶棉（与拉链夹车处不含缝份），准备 13cm 拉链 1 条，拉链头尾夹车布片。

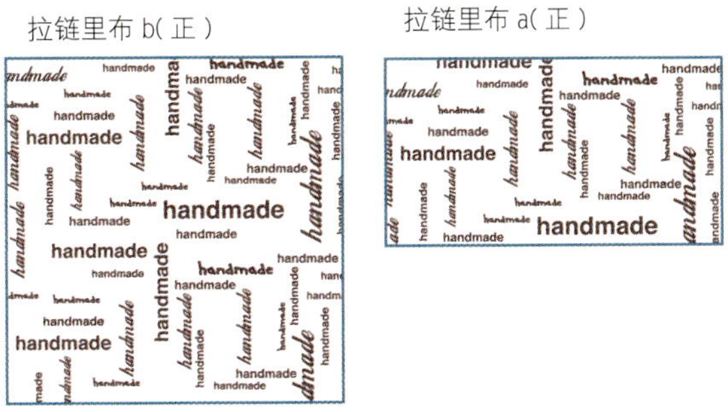

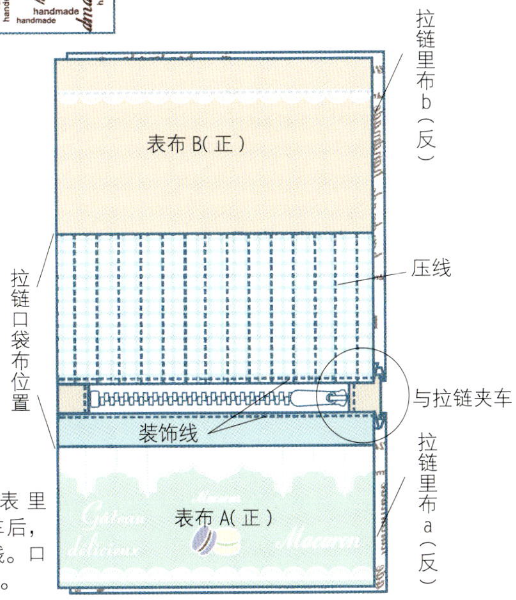

2. A、a 与 B、b 表里布与拉链夹车后，正面压装饰线。口袋布则做压线。

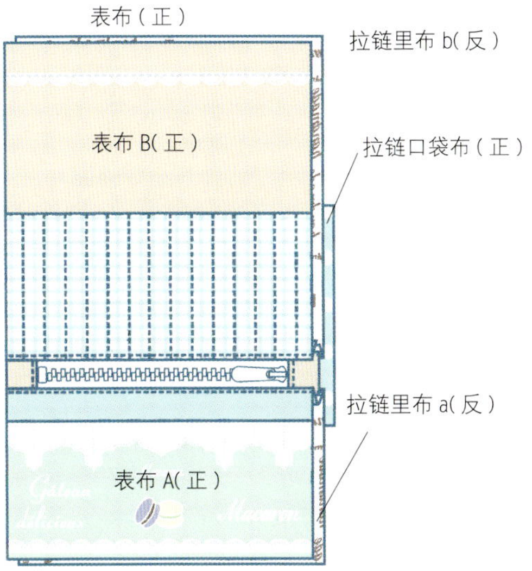

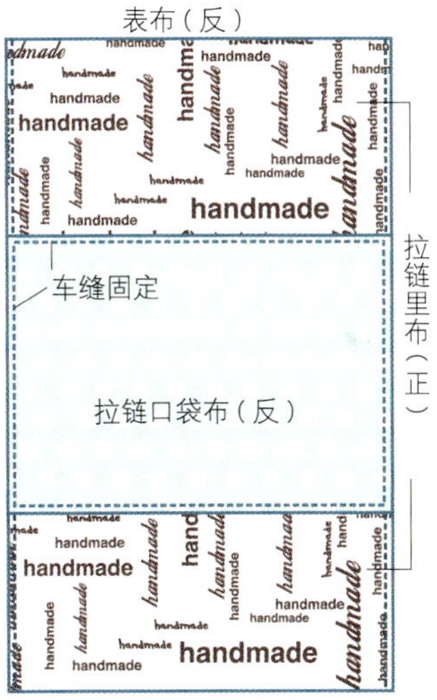

3. 将拉链口袋布与拉链里布正面相对固定。

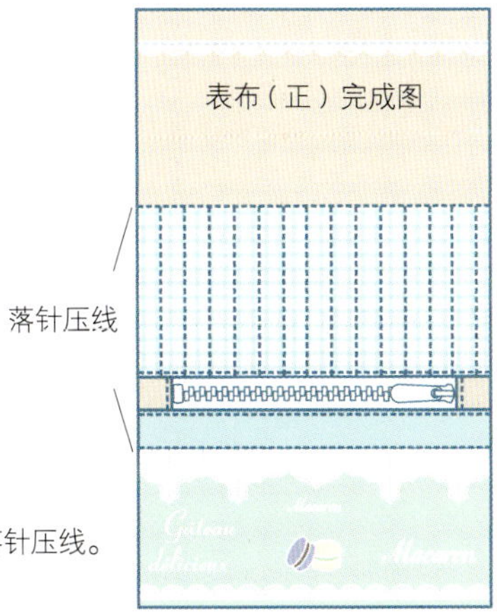

4. 接合处皆落针压线。

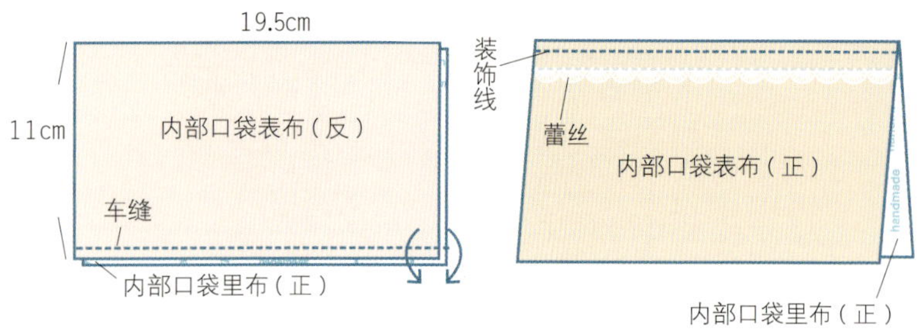

5. 将两片内部口袋布正面相对车缝，翻回正面后压一道装饰线并车上蕾丝。

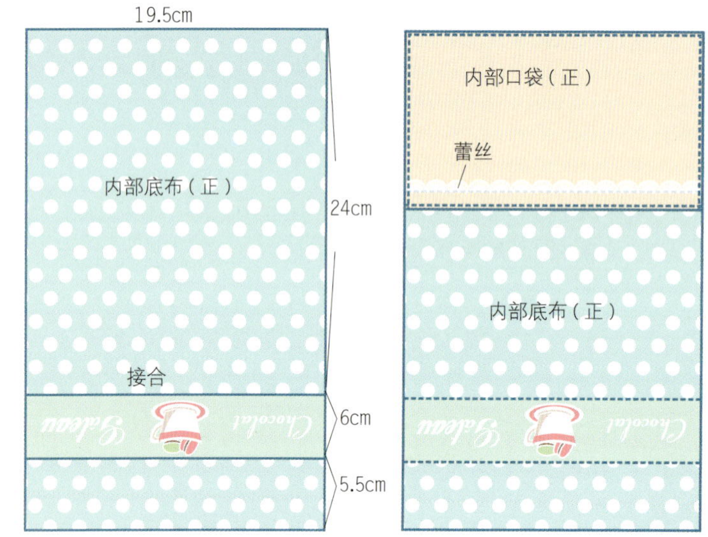

6. 将内部口袋固定在内部底布上。

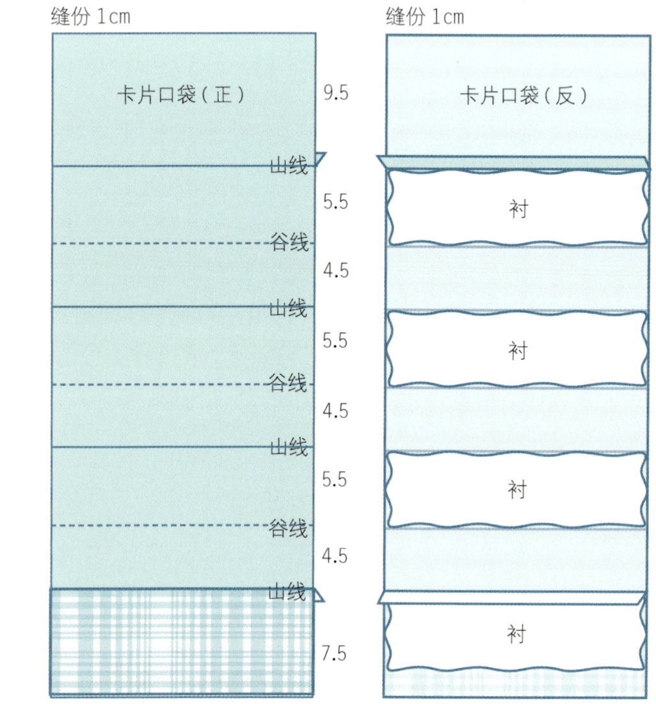

7. 制作卡片口袋：依图示先在布的背面烫衬 5.5cm×19.5cm4 片，再依记号折烫。

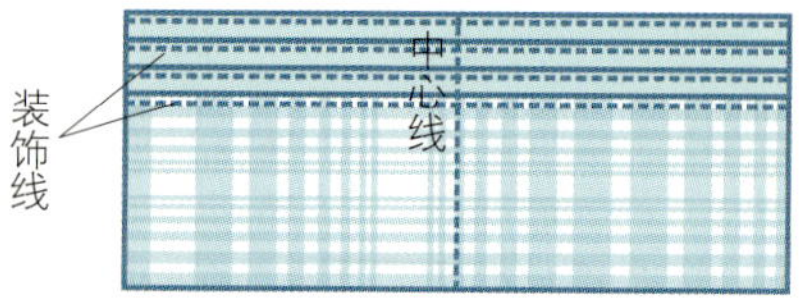

8. 折烫处皆需车缝装饰线，下方开口处先接合，中心再车缝一道分隔线。

9. 将卡片口袋固定在内部底布上，再裁挂笔布 3.5cm×4cm1 片，对折后两侧再折入车缝一圈，缝在底布上。

10. 四周滚边一圈，钉上贝壳扣即完成。

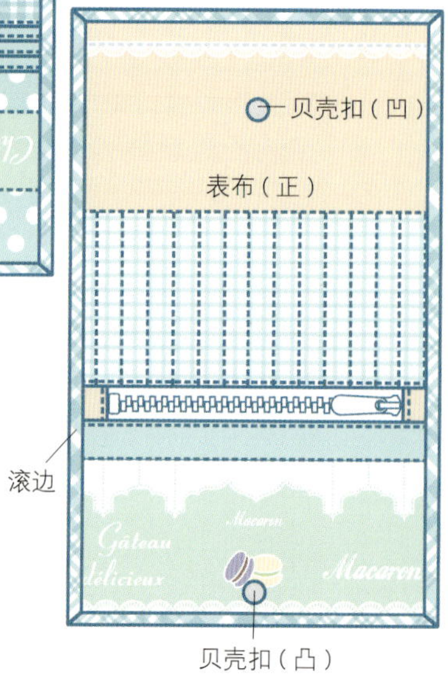

小木屋
拼接布夹

简单的图案，
却在不同的颜色组合与拼接方式下，
排列变化出品位独到的效果，
集结在一起，各有各的妙趣，
忍不住重复购买布料的嗜好，
也能制造惊喜呢！

miter

作品设计／张慧玲老师　情境摄影／林宗亿　编辑／刘芝颖　美术设计／陈启予　绘图／韩欣恬
完成尺寸：约长12cm，宽10cm　★ 附原尺寸图

材料

袋身部位	尺寸	数量
表布配色布	3cm×25cm	10 色各 1 片
里布	45cm×55cm	1 片烫衬
卡片夹层	38cm×11cm（含缝份 1cm）	2 片（烫衬）
侧边布	依纸型	2 片（烫衬）
布衬	40cm×40cm	1 片
滚边条	4cm×60cm	1 条

配件

装饰蕾丝、铆钉扣 1 组、皮扣 1 组

※ 纸型为实际尺寸，需另加缝份

卡片夹层 ×2

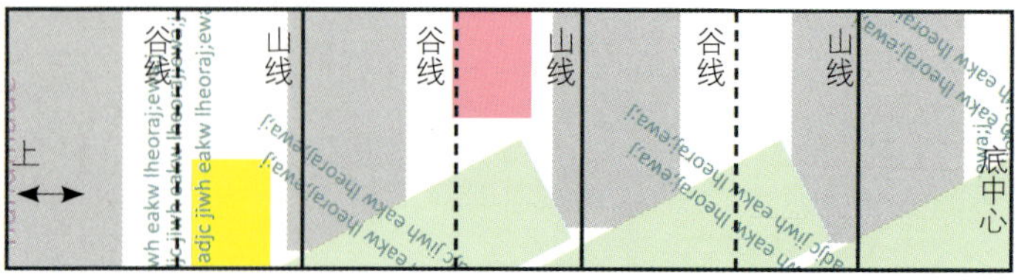

1. 卡片夹层布依图示先画好山、谷线折线，烫上布衬（衬不留缝份）。

2. 按山、谷线折烫好后，在山线处各车一道装饰线。完成 2 片。

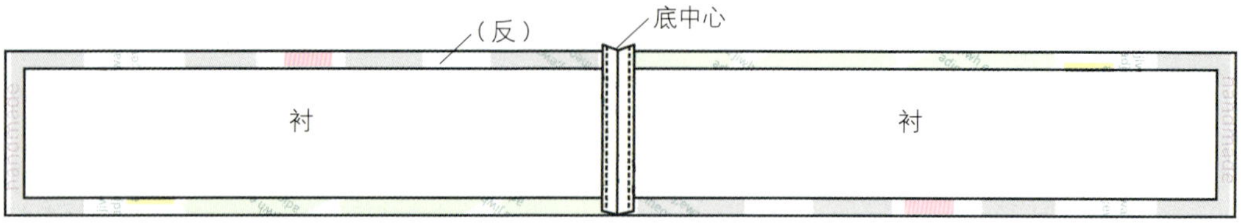

3. 由底中心将 2 片接缝，再将缝份烫开。

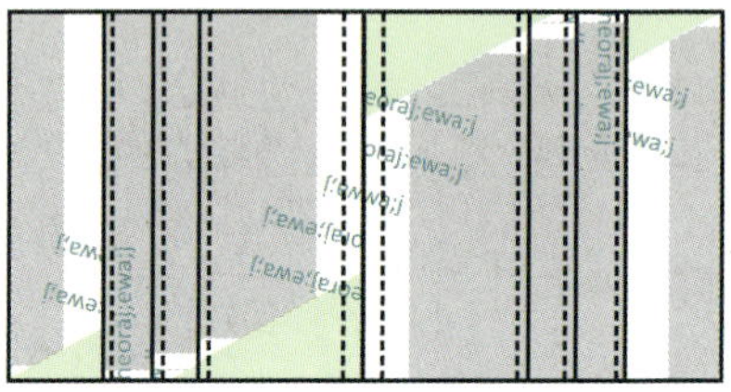

卡片夹层完成图

零钱包

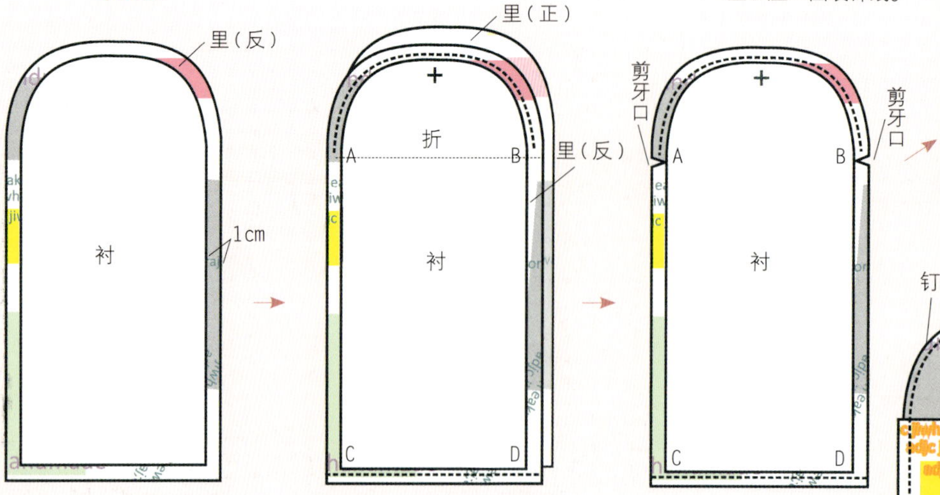

4. 依纸型剪下布衬，烫于里布上，将里布四边各留 1cm 缝份后依纸型裁剪。共制作 2 份。

5. 将 2 片烫好衬的里布正面相对，将 AB 及 CD 记号处车合。

6. 在 A 和 B 的缝份处剪一牙口，再翻至正面从 A 至 B 压一圈装饰线。

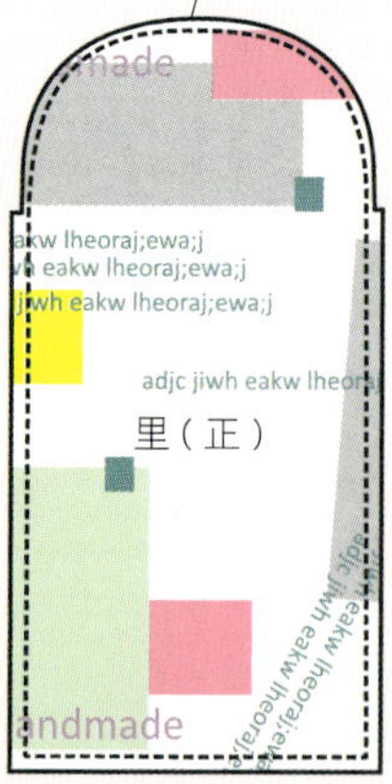

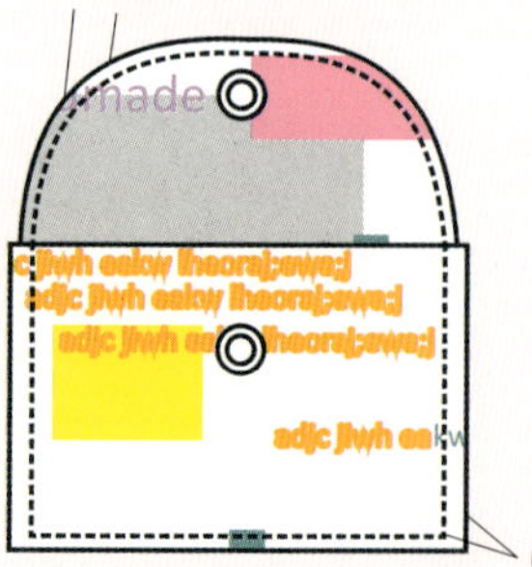

7. 将 CD 对折至 AB 的折线处，再依记号点钉上铆钉扣。

侧边布 ×2

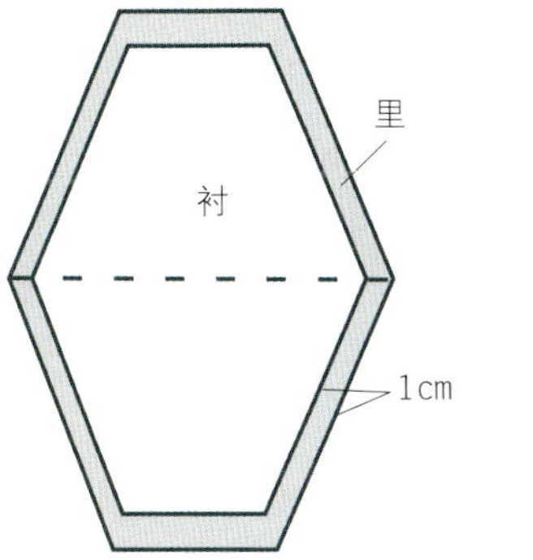

8. 依纸型剪下布衬，烫于侧边布上，四边各留 1cm 缝份后剪下。

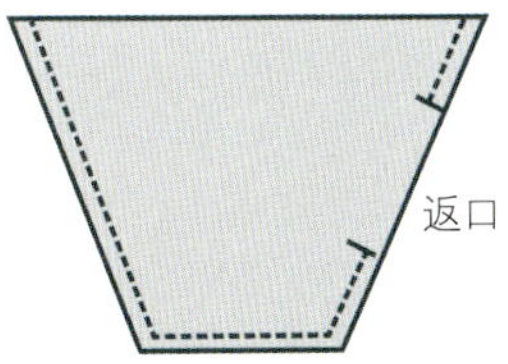

9 将布折烫，车缝一圈，并留一返口。

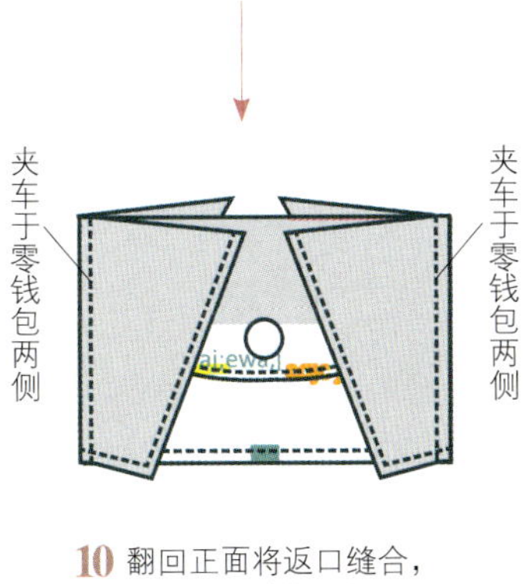

10 翻回正面将返口缝合，夹车于零钱包两侧。

布夹外袋

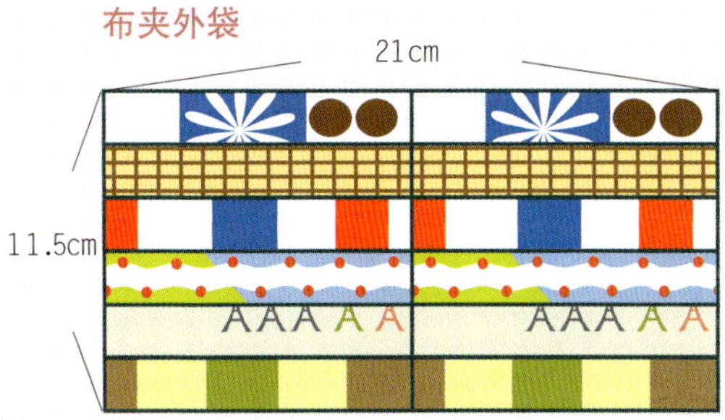

11. 取表布配色布，利用小木屋的基本图形做变化接缝，约 11.5cm×21cm。

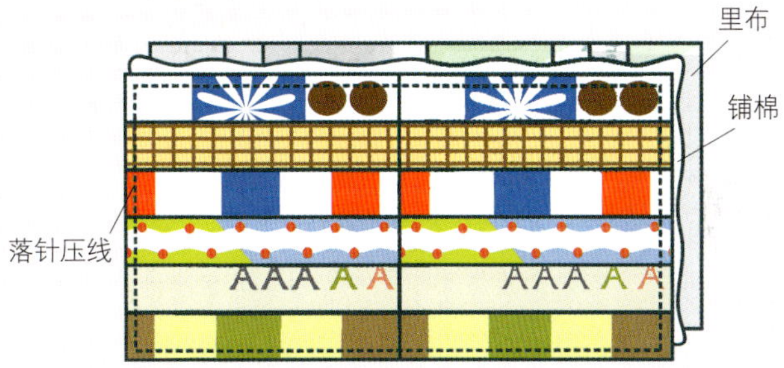

12. 配色表布与铺棉、里布三层一起做落针压线或压缝装饰，再裁成 9.5cm×19cm 的实际尺寸，再缝上皮扣和装饰蕾丝。

13. 将表布与卡片夹层背面相对，缝上滚边条，再与步骤 10 的零钱包和侧边布组合即完成。

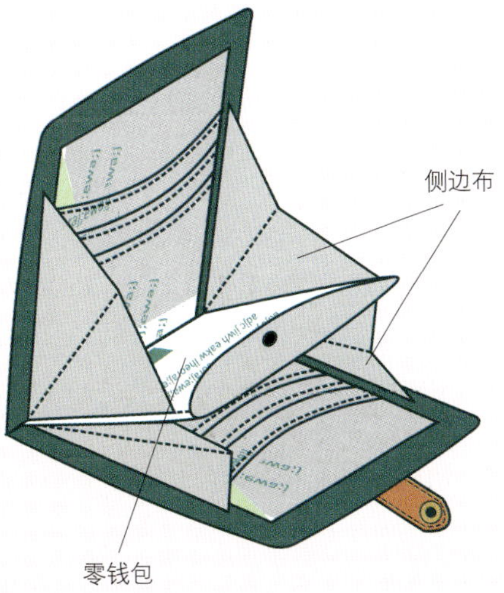

我爱贴布缝

梦的精灵提包
花间精灵Nana
小猫咪相机包
强尼的新衣托特包
菇森林奇遇提袋

贴布的曲线最能创造出手作的温润感，
每个角色在针线的穿梭下都越加可爱。
鼓起圆嘟嘟的脸颊，拼贴斑斓的色彩，
小布块也在这里发挥妙用呦！
看贴布缝大师创造的独特元素，
再度以新面貌令您爱不释手！

梦的精灵提包

总是希望在梦境里摆脱现实的琐事，
自在地翱翔于无边的天际，只要再努力一点点，
不用翅膀，张开手就可以迎风飞翔，在逆风中变得强壮！

作品设计／Shinnie老师　情境摄影／C.CH　做法绘图／林巧佳　编辑／刘芝颖　美术／韩欣恬
完成尺寸：约长20cm，宽20cm，厚5.5cm　★附原尺寸图

材料（纸型皆含缝份）

袋身部位	尺寸	数量
前片表布 A	22cm×14.5cm	1 片
前片表布 B	22cm×10cm	1 片
后片表布 C	21cm×7cm	1 片
后片表布 D	22cm×17cm	1 片
侧片布	8cm×55cm	1 片
配色布		11 片
蝴蝶结配色布	7.5cm×3cm	1 片

配件

15cm 拉链 1 条、造型扣 2 颗、咖啡色 1 股绣线、提手 1 组

袋身部位	尺寸	数量
里布	23cm×92cm	1 片
	8cm×55cm	1 片
铺棉	23cm×46cm	1 片
	8cm×55cm	1 片
坯布	23cm×23cm	1 片
	8cm×55cm	1 片
布衬	23cm×46cm	1 片
	8cm×55cm	1 片
滚边条	4cm×35cm	1 片
	4cm×42cm	1 片

做法

1.依纸型裁前、后片表布，侧片布及各色贴布用布。前片表布A与B先接合成一整片，再依贴缝顺序完成前片表布贴布缝。

2.贴缝完成的前片表布与侧片布，分别加铺棉、坯布三层一起做压线(图形落针压线，其余可压直纹、横纹或圆形）。

3.前片表布完成后以回针绣缝上娃娃头发及造型扣。

4.后片表布C、D分别＋铺棉＋里布三层压线。

1.

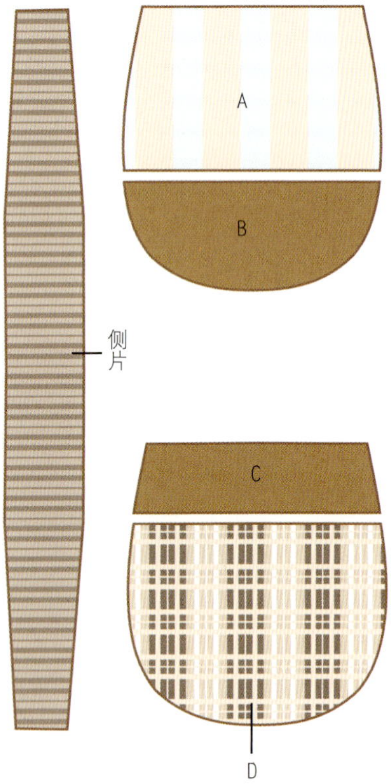

2.

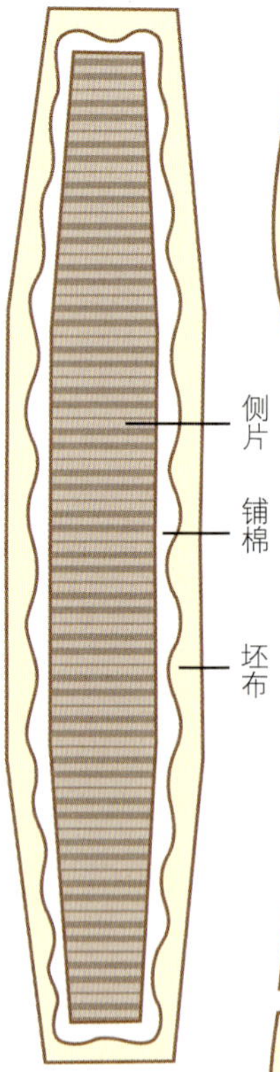

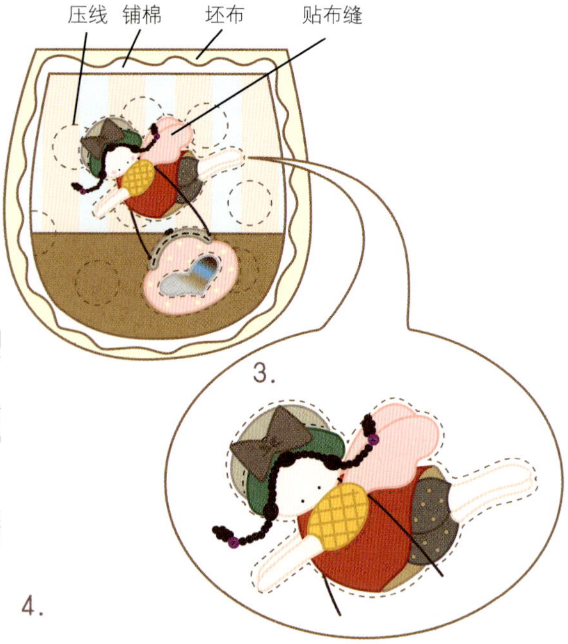

4.

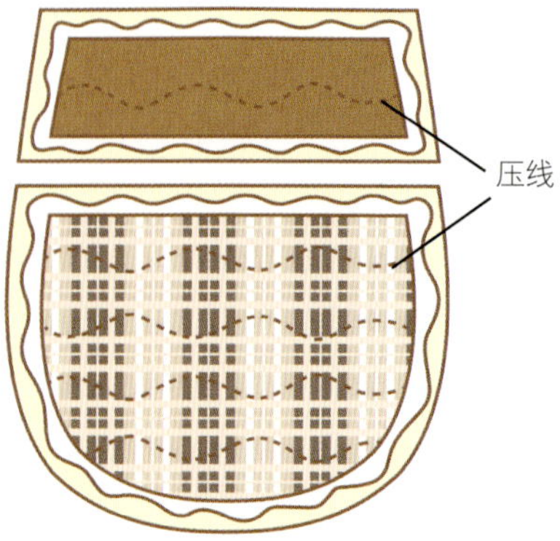

做法

5.依图示，将后片表布C、D单侧0.7cm滚边，缝上拉链，完成后片表布。

6.依纸型裁里布(前1片、后2片、侧片1片)及布衬(前1片、后1片、侧片1片)，里布3片烫衬，留1后片里布不烫衬。

7.不烫衬的里布反面对步骤5后片表布的反面，四周疏缝一圈，完成后片口袋拉链表布。

8.组合表袋身，压线完成的前、后片及侧片再合一次版型，修剪多余缝份，仅留下车缝及滚边的0.7cm缝份(同版型)。将前、后片表袋底画出中心点，侧片由中心向左右两侧缝合，组合成袋形。里袋按相同做法组合成袋。

9.组合表里袋身：表袋袋口先完成单边0.7cm滚边，画出提手位置，缝上提手。里袋套入表袋中，袋口疏缝一圈与表袋固定，再将未完成的滚边缝合，完成实用小袋。

5.6.

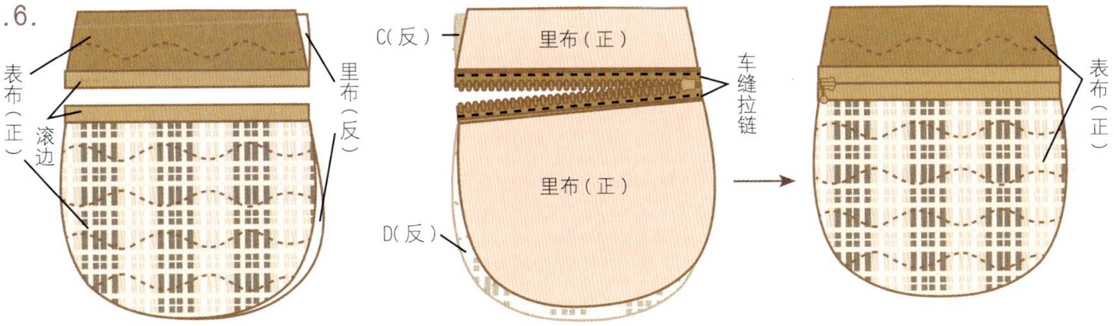

7.

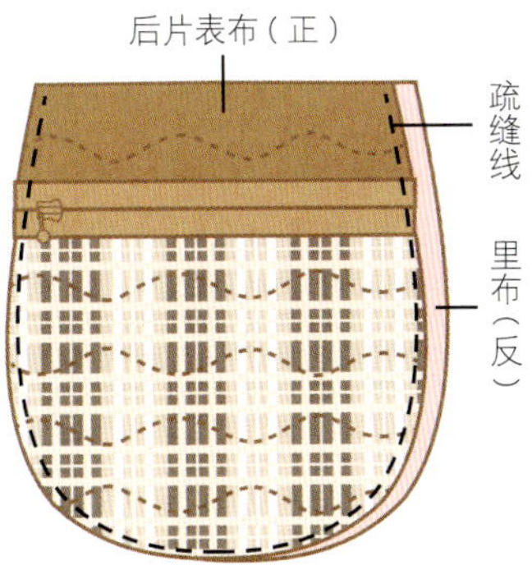

8.

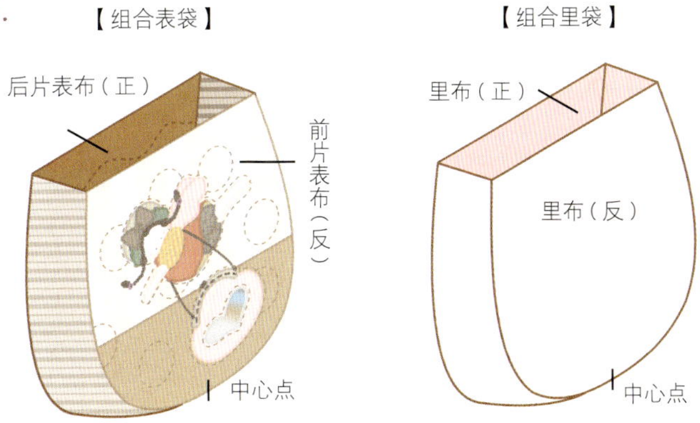

9.

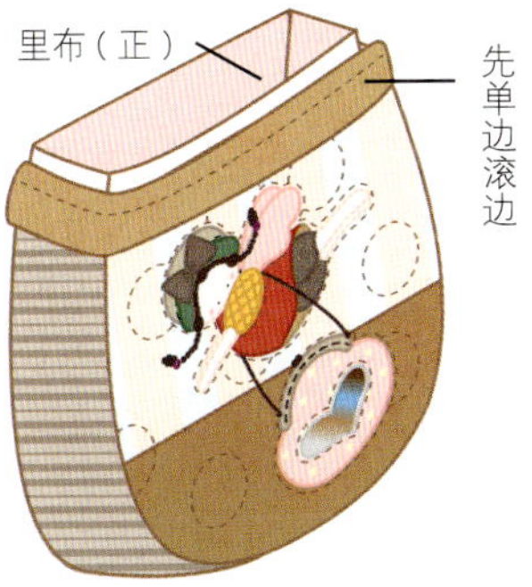

【完成图】

花间精灵 Nana

春来四月天，漫漫桐花雪，娜娜带着花儿穿梭在林间。
小巧的脸庞，脱俗的气质，宛若一个美丽的花精灵。

■作品设计：潘妤莹老师 ■情境摄影：C.CH ■步骤摄影：潘妤莹老师 ■编辑：刘芝颖 ■美术：韩欣恬
■完成尺寸：约长 25cm，宽 15cm，厚 4cm ■附原尺寸图

HOW TO MAKE

材料

袋身部位	尺寸	数量	袋身部位	尺寸	数量
袋身前、后片表布	15cm×23.5cm	2 片	铺棉、坯布	各 30cm	各 1 片
上袋盖表布	27.5cm×18.5cm	1 片	里布	45cm	
袋底表布	8cm×50cm	1 片	滚边条	4cm×85cm	
配色布	依纸型	数片	出芽斜布条	3cm×95cm	

配件

红色、黄色 4 股绣线，背带 1 条，20cm 拉链 1 条，磁扣 1 组，黑色压克力颜料适量

1

上袋盖表布与配色布依纸型裁剪，将娜娜的图案及袋身各部位描绘好并剪下，并依序将图案贴布缝于袋盖上。

2

贴布完成后，连同前、后袋身及袋底各部分表布与铺棉+坯布三层一起做压线。完成后再将版型校正好，四边疏缝一圈，并剪掉多余的布边。

3

以 4 股绣线做结粒绣绣上花心。

4

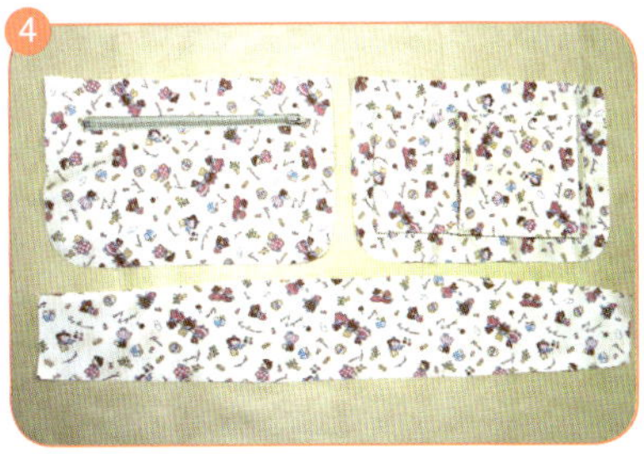

制作里袋，将里布依前、后表布与袋底大小剪下，并依喜好制作口袋、拉链口袋后，组合车缝。

5

剪下与上袋盖表布同等大小的里布。

6

将上袋盖表、里布背面相对后取滚边条滚边。

7

袋身后片表布缝上出芽布条，口布上方留 2cm 将出芽朝向外。

8

组合袋身前片与袋底，袋底先抓中心点对合，再用强力夹固定后，车缝1cm。

9

上袋盖车至后片表布上方，叠放位置为后片表布前端起至向内 10cm 处，车⊓形，前端 2cm 处如图示先不车缝。

10

再将上袋盖、后片与前片、袋底一起组合车缝，外袋完成。

11

组合里袋与外袋，将里袋套入外袋内，四边稍疏缝。

12

将袋口上方车缝滚边条包缝好，再将步骤 9 留下的前端 2cm 车缝。

13

缝上背带。

14

缝上磁扣。

15

装饰脸部，压克力颜料画眼睛，色铅笔画腮红，以 4 股绣线的结粒绣做小嘴。

16 完成可爱的娜娜背包啰！

上袋盖与后片产生的夹层，可以放手机喔！

小猫咪相机包

最近想为家里的相机做一个收纳包。相机包的造型，一直让我觉得很像一个迷你版小学生书包，非常可爱。小小袋盖上，贴上猫咪抓小鱼图案，做猫咪小手小脚的贴布缝时，让我觉得有点袖珍工艺的难度（看来贴布功力还要继续多磨练）。完成之后，又意外发现，这个小包包的尺寸，刚好可以拿来收纳家中许多会员卡等各式卡片喔。

一包两用真开心，再做一个吧！

■作品设计、摄影、文字提供：Ann 老师　■美术：韩欣恬　■完成尺寸：约长 9cm，宽 6cm，厚 3cm　■附原尺寸图

HOW TO MAKE

1

拼贴猫咪图案，再以 2 股绣线在脸部绣上表情。依照纸型在背后烫上双面衬，剪下图案。

2

依照纸型拼接表布后，将步骤 1 烫贴在表布上。边缘以 2 股绣线绣上装饰图案。

3

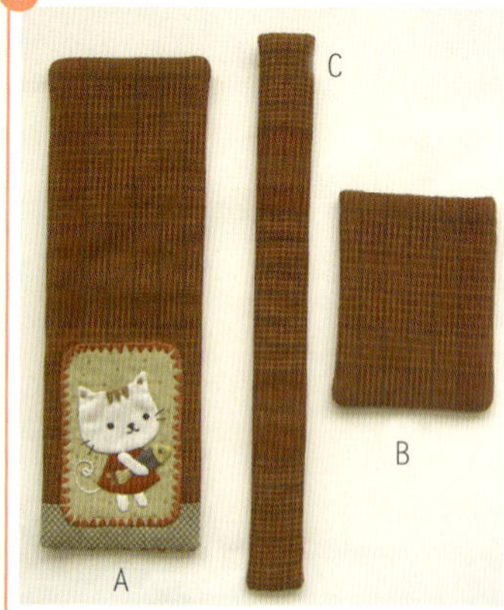

依照纸型制作 A、B、C 三片。做法均为表布与里布正面相对，加上棉衬，车缝⊓形，翻至正面后，缝合返口。

4

先将 B 片与 C 片由反面以卷针缝缝合。

5

再加上 A 片用卷针缝缝合。

6 翻至正面，袋盖内侧缝上磁扣，相机包即完成。

强尼的新衣 托特包

神采奕奕小公鸡，一大清早咕咕啼。
原来是早起的强尼，穿上了春天的新衣。
色彩缤纷真美丽，昂首阔步好神气。

完成尺寸：约长28cm，宽20cm，厚5.5cm

作品设计／许爱敏老师
情境摄影／C.CH
做法绘图、美术／韩欣恬
编辑／刘芝颖
附原尺寸图

材料（以下尺寸不含缝份）

袋身部位	尺寸	数量	备注
表布 A（米色）	32cm×28cm	2 片	铺棉
表布 B（绿色）	32cm×21cm	1 片	
坯布、铺棉	32cm×78cm	各 1 片	
公鸡配色布		各色	烫奇异衬
里布	78cm×32cm	1 片	

配件

不织布（蝴蝶用）2 色、茶色绣线、磁扣、提手、口形环 2 个、黑色珠子 2 颗（公鸡眼睛用）、装饰小扣 13 颗

做法

【表布】

1. 将绿色与米色表布依图示接缝，连同铺棉+坯布三层一起压曲线。

【强尼公鸡】

2. 以疯狂拼布法将配色布接缝成一片布。
3. 将公鸡图形描在奇异衬上，贴于布片背面。
4. 剪下公鸡图形的布片，烫贴于表布适当位置。
5. 以花盘或自由曲线做贴布缝。

【小花】

6. 以锯齿花盘车出花梗，缝上各色装饰小扣。

【蝴蝶】

7. 依纸型剪下不织布，中心用绣线缩缝，留一小段绣线做触角。

【里袋】

8. 裁里布将两侧接缝，留一返口。与表袋正面相对套入，沿袋口车缝一圈。
9. 由返口翻至正面，沿袋口压一道线，最后缝上提手即可。

1.

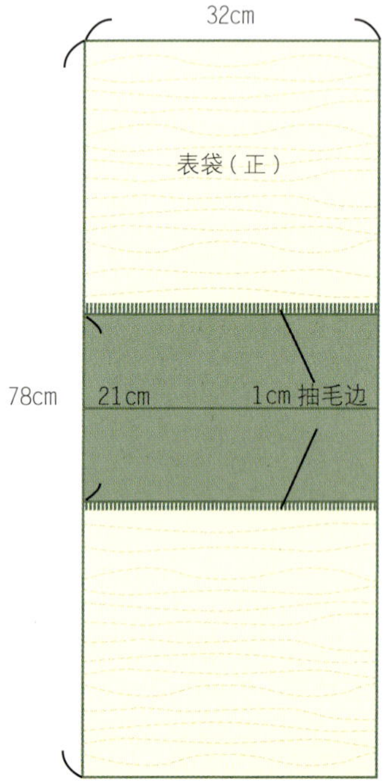

2.

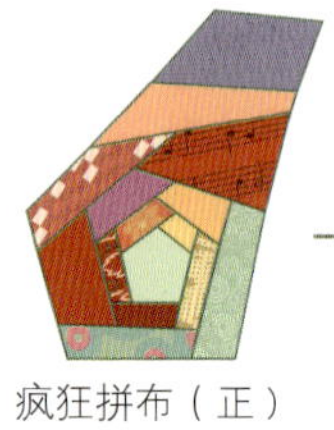

3.

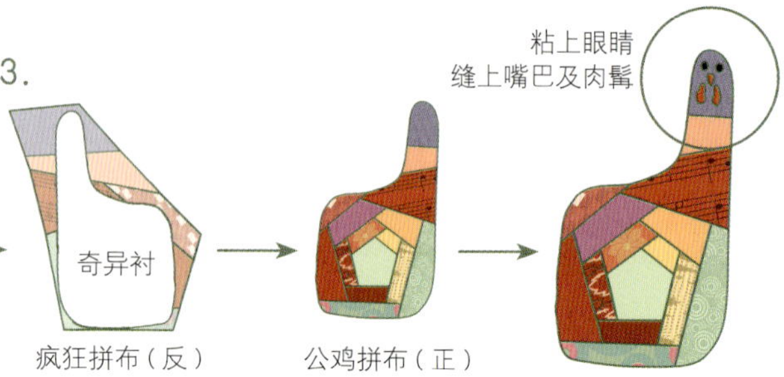

4.5.6.

7.

8.

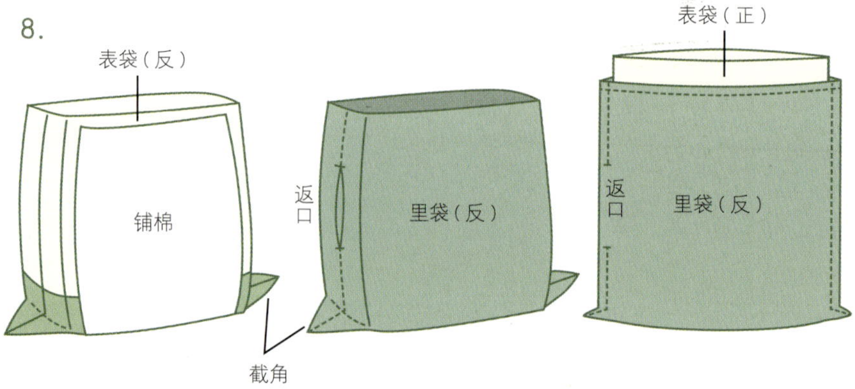

9.

完成图

第2回

菇森林奇遇提袋

小毕来到菇森林，各种奇异的香菇在这里肆意地绽放开来，
坐在一朵热情的香菇上，心情立即感到无比放松，真是奇妙啊……
我们都需要一颗柔软的菇，放松心灵，纾解疲惫，好继续下一阶段的冒险。

作品设计／雪小板老师　情境摄影／C.CH　步骤摄影／雪小板老师　编辑／刘芝颖　美术设计／韩欣恬

完成尺寸：约长36cm，宽33cm，厚13cm　附原尺寸图

材料

袋身部位	尺寸	数量
表布 A(花布) 烫厚布衬	↕36.5cm×20cm	2 片
表布 B(点点布) 烫厚布衬	↕36.5cm×15cm	2 片
束口布	↕36.5cm×20cm	2 片
束口绳	80cm×3cm	2 条

袋身部位	尺寸	数量
配色布	适量	
挡布	3.5cm×7cm	2 片
里布	↕36.5cm×33cm	2 片
滚边条	80cm×4cm	1 条
奇异衬		
厚布衬		

配件 提手 1 副、布用复写纸

HOW TO MAKE

1

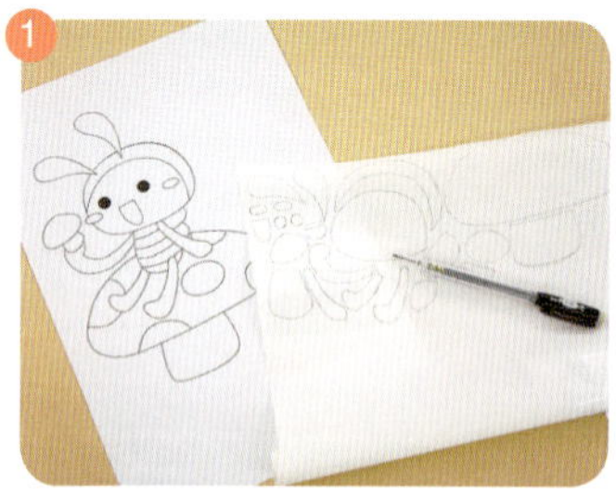

将小毕各部位分别描在奇异衬上。

2

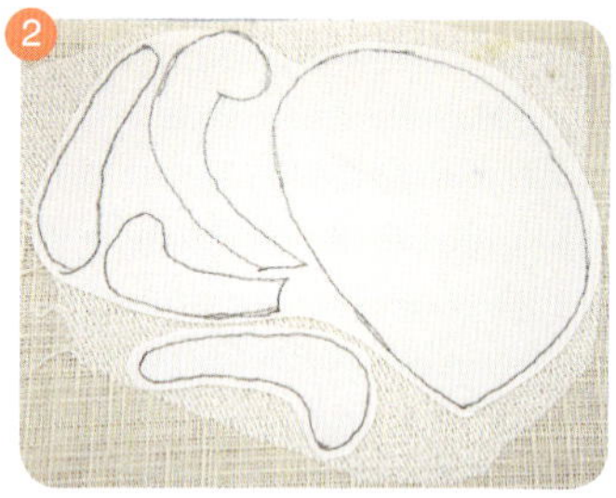

将图形留一点白边剪下，烫在配色布的背面。

若是布太薄会透出背景色，可先加烫一层洋裁衬。

3

将各部位依轮廓线剪下。

4

拼接表布 A 和 B，背面再烫上厚布衬。

5

取布用复写纸将小毕图稿描在表布上。

6

依顺序将图形烫上。

7

用缝纫机的密针缝花盘，沿轮廓车缝一圈。

8

回到平针缝，以深色线再压一圈轮廓，让图形更立体。

9

将 2 片表布正面相对车缝三边。

10

打底角 13cm。

11

留缝份 1cm，再将多余的剪掉。

HOW TO MAKE

12

制作里袋，同外袋步骤制作里袋后，再将其套入外袋中。

13

将袋口疏缝。

束口袋

14

将 2 片束口布三边做简易拷克。

15

2 片束口布正面相对，两侧如图示预留 3cm 不车缝的记号线。

16

将缝份烫开，袋口向下折 1.5cm，再沿著拷克线车一圈。

17

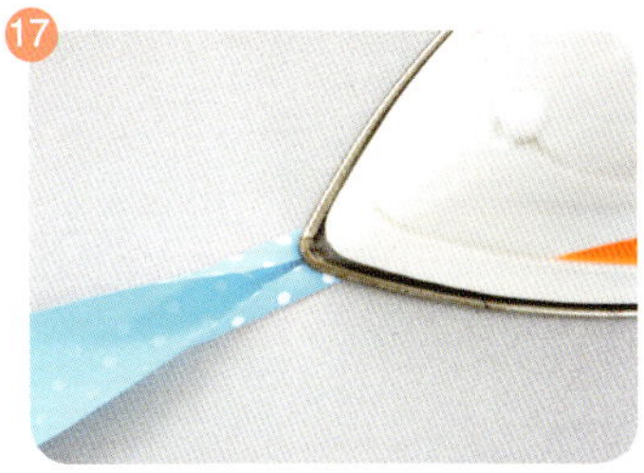

制作束口绳，3cm宽布条往中心折烫。

18

再次对折熨烫后，临边压固定线。

19

如图将束口布放入袋中，与袋口对齐后疏缝固定。

20

沿袋口滚边。

21

缝上提手。

22

利用穿带器将两条束口绳穿入。

23

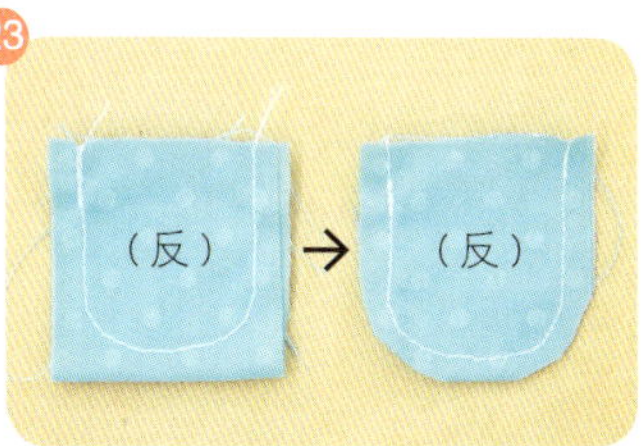

制作束口绳挡布。

24

挡布缝份内折，将束口绳放入挡布，再压一圈线。

25 完成。

布的交响曲

庞慧如老师·玛格丽特花舞肩背包

黛西老师·小狐小狗探险趣

在音乐流动的时光中，布在微风中轻轻扬起。
我裁下美丽的织图，一针一线和着轻松的律动，
缝制出悠扬的拼布乐曲，来场春天的艺术飨宴！

詹砳老师·小狮子零钱包

映衣老师·森林里的小鸟屋

Quilt Symphony

玛格丽特花舞肩背包

利用线的张力与花盘连接布片，
让拼接多了一层浪漫感觉。
压过花纹的扣襻带搭配精致的仿古五金配件，
打造出专属时尚感，就是要跟别人不一样！

■作品设计／庞慧如老师 ■情境摄影／萧维刚 ■教学摄影／刘芝颖 ■编辑／FIONA ■美术设计／林巧佳

■完成尺寸：长38cm，宽30cm，厚12cm
■附原尺寸图

材料

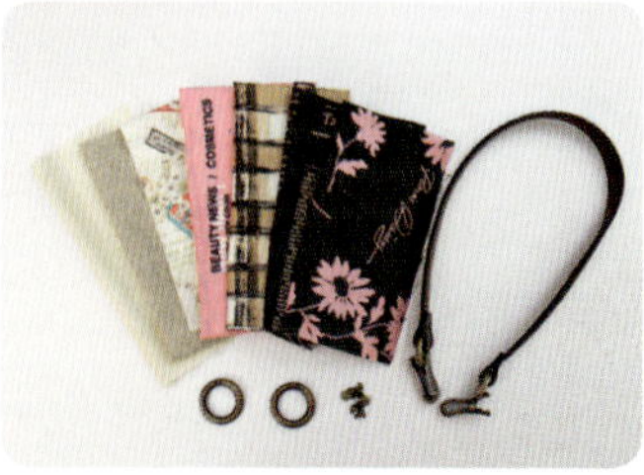

配件

圆形开关环扣 2组	铺棉 66cm
8mm铆钉 12组	坯布 66cm
17mm菊花扣 4组	皮提手
内径4cm日形环	

袋身	尺寸	数量	备注
・口袋配色布	依纸型，缝份外加1.8cm	5片	1.烫上厚布衬 2.裁烫时需注意正反面
・口袋里布	40cm×22cm	1片	
・棉麻表布	37cm×43cm	2片	搭配同样大小的铺棉与坯布
・侧身布配色布	18cm×45cm	4片	
・侧身铺棉与坯布	16cm×75cm		
・袋底布	粗裁17cm×41cm	1片	搭配同样大小的铺棉与坯布
・里布（袋身）	依纸型	2片	
・里布（袋底）	14cm×40cm	1片	
・扣襻带(表布)	25cm×11cm	1片	需备铺棉与坯布
・扣襻带(里布)	5cm×11cm		

・使用机型：Bernina580

压布脚运用

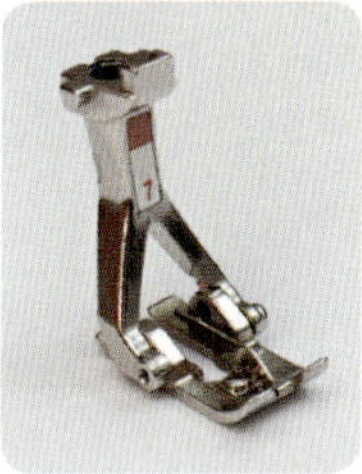

7号立体流苏压布脚

使用锯齿花盘时，线会越过中央的桥片，桥片会拉住线，让花盘有立体效果，很适合缝流苏边、褶子等装饰。

制作小叮咛

1. 烫厚布衬时，需以按压的方式让胶与布面烫合，勿将熨斗以推的方式烫衬，否则布容易变形。
2. 本作品口袋的配色布在压缝时选择粉红色的压线，是为了要让效果更凸出，当然你也可以根据自己的布色来挑选压线的颜色。

做法

（口袋）

1 依纸型裁下5片口袋配色布，缝份留1.8cm，烫厚衬，注意衬的正反面。

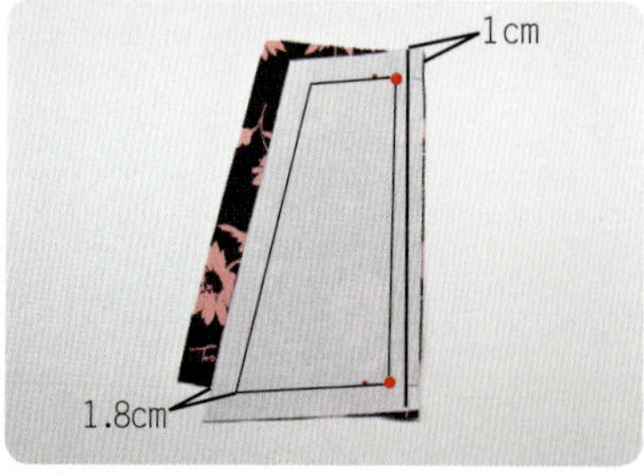

2 布片正面相对，先画出1cm的缝份记号线。但固定时，仍需以1.8cm缝份的点对点，别上珠针。

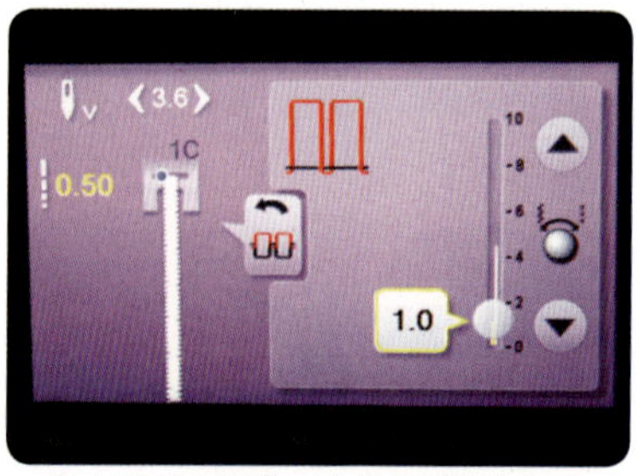

3 换上7号压布脚，选择2号锯齿花盘，幅宽不变，密度0.5，张力调至1。

4 压布脚对齐1cm记号线车缝，口袋配色布片接缝。

5 车好后，将口袋布片稍微拉开，背面缝份左右打开，中间会呈现网状。

6 换回1号压布脚，选择6号花盘，密度调回4.5，在布与布中间车一道，完成后，布片再拉开整理一次。

HOW TO MAKE

7 将5片口袋配色布依序接合并整烫。找出布片中心点，裁成40cm×22cm的布片。

8 裁口袋里布，与口袋表布正面相对车缝一道，缝份1cm。

9 翻回正面压0.7cm装饰线。再将口袋表布与里布以最大针脚，车缝凵形疏缝固定。

(前后袋身)

10 制作袋身，裁棉麻表布+铺棉+坯布三层一起，以45°为夹角、1.5cm为边长、0.5cm为间隔压出菱形格纹。

11 压完线后，依纸型画出袋身，将四周以最大针脚疏缝一圈车缝固定，缝份留1cm裁下，完成前、后片袋身。

12 取前袋身片与口袋布，车缝接合。

(袋底)

13 制作袋底，粗裁袋底配色布+铺棉+坯布，由中间向外压线1cm。压完后，裁成14cm×40cm。

14 将袋底与后袋身片缝合，缝份打开，卷针缝固定。

15 组合前袋片、袋底与后袋片。相接时，头尾要各留1cm缝份不缝，作为止缝点，以便接缝侧身。

(侧身)

16 制作侧身，取侧身布的4款配色布，每款各裁成宽3~5cm的小布片，随意排列组合。

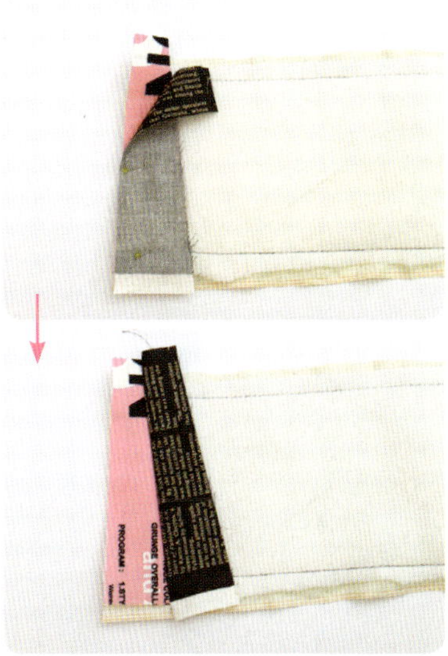

17 裁16cm×75cm的铺棉与坯布，先用最大针脚车缝一圈疏缝固定，再取布片正面相对，以珠针固定后，一同车缝0.7cm。

HOW TO MAKE

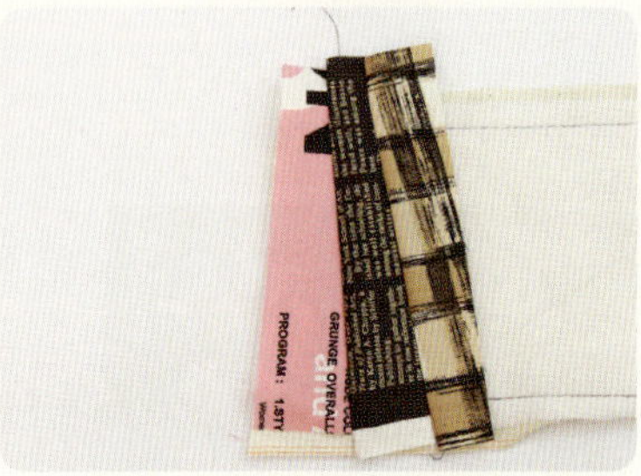

18 接缝下一片布片时，记得要将布片打开刮平，才能再接缝下一片，以免布片不平整。

19 依序拼接，完成侧身布。取中心点将侧身布裁成14cm×34cm共2片。

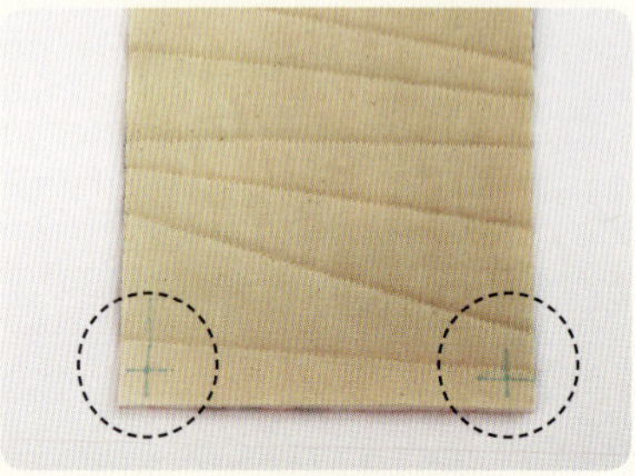

20 将侧身布先在距布片边缘1cm处画上记号点，作为止缝点。

21 组合侧身布与前后袋身片，注意至止缝点时需回针。

(里袋)

22 制作里袋，将袋身里布与袋底里布依纸型裁下，车合，返口留在袋底。

(扣襻带)

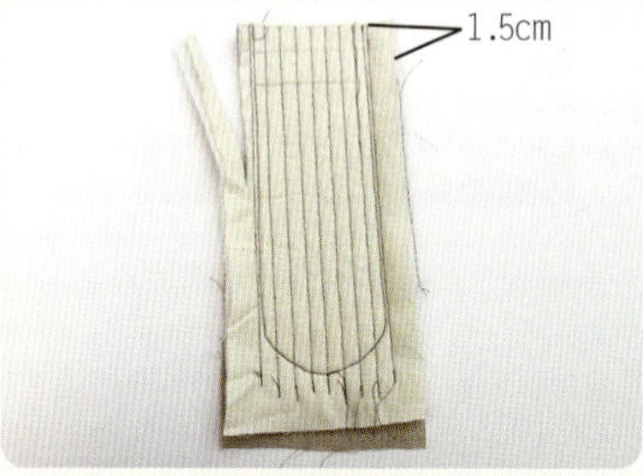

23 制作扣襻带，表布+铺棉+坯布三层固定后，正面间隔1cm压缝，再与里布正面相对，依纸型画出扣襻带位置，上缘留缝份1.5cm车缝固定后，留下缝份0.7cm，其他剪掉。

24 圆弧处需剪牙口，再翻回正面整烫，并沿边压装饰线。

25 组合内外袋身与扣襻带，将里袋与外袋正面相对套入，扣襻带正面朝外夹入后片袋身，缝份外露0.5 cm。

26 袋口车缝一圈，由返口翻回正面再沿袋口车0.7cm固定装饰线。

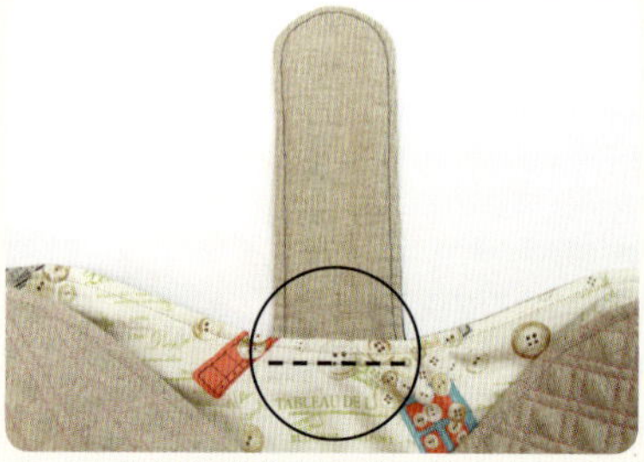

27 可在扣襻带位置内袋下缘多车一道固定线，防止扣襻带底往上翘。

28 依纸型位置打上菊花扣与铆钉。

29 扣上圆形开关环扣与皮提手，扣襻带装入日形环并缝上磁扣，即完成。

■作品设计 / 映衣老师 ■情境摄影 / C.CH ■教学摄影 / FIONA
■文字编辑 / 刘芝颖 ■美术设计 / 林巧佳

啾唧~啾唧~

{森林里的小鸟屋}

春日的温柔，在鸟啼声中苏醒。

漫山的花香，让山岚吹送四方。

在春光烂漫下，

又重拾少女的情怀。

■完成尺寸 / 约长34cm，宽34cm ■附原尺寸图

HOW TO MAKE

{ 材料 }

- 三片配色布
- 绣线
- 不织布
- 4颗装饰纽扣

{ 布纹方向 }

{ 裁布 }

1 将各配色布片依纸型区块剪下。

{ 拼接缝合 }

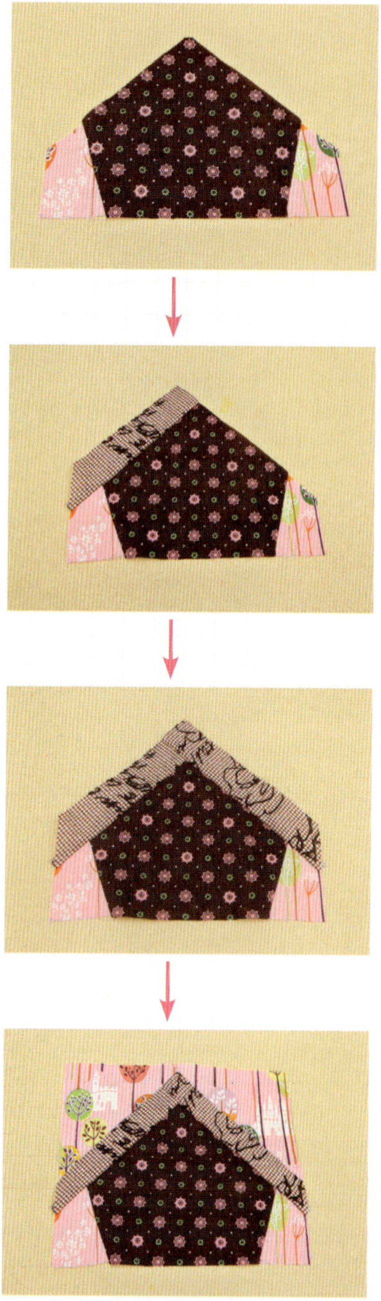

2 依序将布片正面相对(点对点)进行平针缝，缝份倒向中心。

3 上下片拼接。

★缝份倒向房子主体，增加立体感。

HOW TO MAKE

4 剪下圆形不织布做门，先以布用口红胶粘上。

5 以毛边缝将不织布缝上。

6 在门内缝上装饰纽扣，完成主题布。

7 拼接外边条，裁10cm×17cm布片以斜边方式与主题布接缝，再与铺棉、里布一起做压缝处理，完成表布。

8 接缝后背布，可依自己需求制作有拉链或无拉链的后背布。

9 套上枕心，完成可爱的抱枕。

小狮子 零钱包

小狮子齐上美容院，
把春天的风景洋溢在发型上面，
水玉与花朵在脸边，
装点出最灿烂的笑颜、最开心的
画面……

■作品设计：詹砺老师 ■情境摄影：林宗亿 ■步骤摄影：FIONA ■编辑：刘芝颖 ■美术：林巧佳 ■完成尺寸：约直径13cm ■附原尺寸图

材料

- 35cm×35cm表布、里布、厚衬各1片
- 铺棉
- 配色布
- 不织布
- 绣线
- 纽扣
- 15cm拉链

How To Make

1 制作前、后片表布，裁2片直径14.5cm的圆形布烫上厚衬，并抓出中心点。

2 取各配色布剪下鼻梁，不织布剪出眼和鼻，依中心点找出相对位置缝上。

3 取纽扣做眼珠缝上。眼睛位置稍做调整，可让表情更生动。

4 描出嘴形，取绣线以回针缝缝上，再以结粒绣做点点。眼袋与胡须处做平针缝。

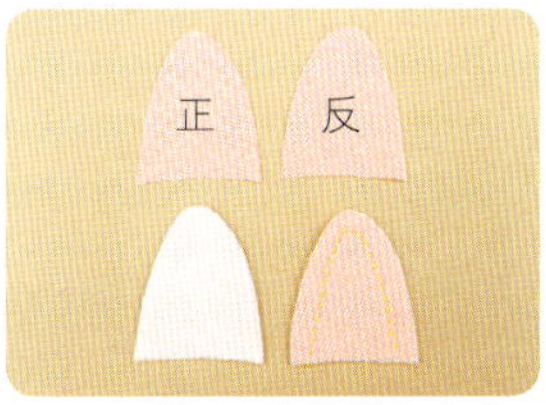

5 剪下4片耳朵配色布。取正面的两片烫上铺棉，先以平针缝装饰。

6 将耳朵配色布正面相对车缝，修剪多余的铺棉后，翻回正面。

7 对好耳朵位置，稍微抓皱，先疏缝固定。

抓皱后疏缝可加强耳朵立体感！

8 剪下鬃毛配色布20片（花色可依喜好自行搭配）。将鬃毛两两正面相对车缝后翻回正面。

9 将鬃毛与后表布排列组合后，先疏缝一圈，并剪去多余的缝份。

鬃毛两两紧密贴合时，注意要与耳朵的位置错开。

完成至倒数第三、四片鬃毛时，再比对一下位置，调整褶皱。

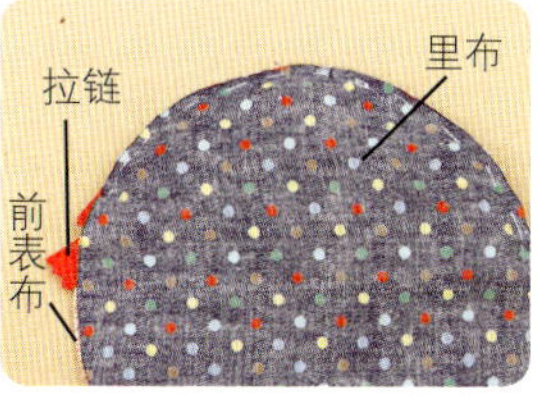

10 上拉链，将前表布与里布正面相对夹车拉链，对齐中心点后先疏缝固定。

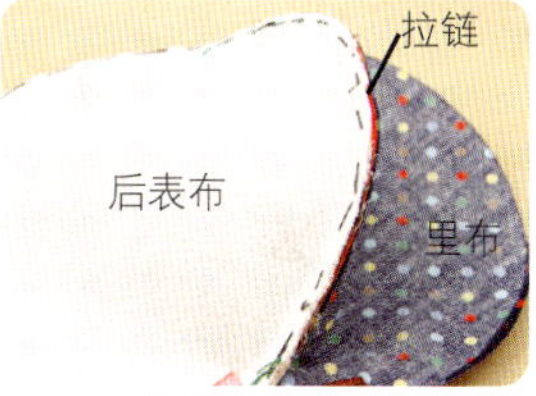

11 接着将后表布与里布同样对齐中心点后夹车拉链，注意勿车到拉链头。

12 里布对里布，表布对表布车缝一圈，将返口留在里布上。

13 翻回正面将返口以藏针缝缝合即完成。

我的新发型好看吗？

晚安小兔 眼罩

一只小兔跑，两只小兔跳，三只小兔真热闹，
快来妈妈的怀抱，睡一场甜美的觉。

完成尺寸：约长10cm，宽21cm
附原尺寸图

材料

- 配色布×3
- 单胶棉
- 蝴蝶结布料5cm×8cm
- 蕾丝12.5cm×4cm
- 弹性绳68cm
- 装饰纽扣

★若想要加强眼罩的遮光效果，可选择厚棉或深色的后背布。

How To Make

{眼罩}

1 先将配色布片自行拼接后，将缝份烫开再粗裁成25cm×15cm，并依纸型裁剪下表布、后背布。

2 表布上车上蕾丝装饰，在弹性绳位置标记号。

3 将表布与单胶棉、弹性绳疏缝（取两条弹性绳并在一起较耐用）。

4 表布与后背布正面相对车缝，留一返口。返口可选择留在弧度较平的位置。将多余的棉剪去后翻回正面。

{蝴蝶结}

5 剪下8cm×5cm的布片2片，烫上单胶棉，并剪出蝴蝶结的弧度，正面相对车缝，留一返口，再翻回正面。

6 将缝针从中心点穿入后，再穿过捏出的褶子，由另一边的中心点出针，拉出褶皱。

7 穿入装饰纽扣的孔。

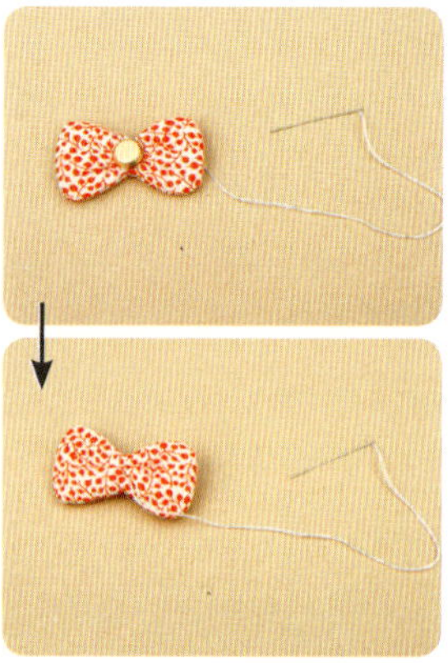

8 拉紧线在蝴蝶结背面打结，将其直接固定在眼罩上即可。

完成图

蝴蝶结的小秘密

蝴蝶结修剪的弧度不同，呈现的效果也相当不一样喔。

小狐小狗探险趣

今天的天气好晴朗，
一起去看看翠绿的草地、
绮丽的百花，
在大自然里呼吸美好的空气。

■作品设计：黛西老师
■情境摄影：詹建华
■编辑：苏怡绫・刘芝颖
■美术、做法绘图：韩欣恬
■完成尺寸：小狗约长10cm，宽11.5cm
小狐狸约长10cm，宽11.5cm
■附原尺寸图

作品欣赏

渔夫小猫

渔夫小猫捕鱼去，
一尾大鱼带回去。

作品尺寸：约长14cm，宽10cm

HOW TO MAKE

材料

前后袋表布
淡色里布
先染布
单胶棉
黑色扣子2颗
鼻形装饰
暗扣2组

做法

1.前袋表布烫单胶棉，和里布正面相对车缝，需留一返口，翻回正面后缝合返口。
2.后袋表布烫衬，与后袋里布正面相对车缝后由返口翻回缝合，左右不同方向各一份。
3.缝合前袋与后袋，后袋里布与前袋表布缝上暗扣。
4.前袋表布粘上鼻子，后袋表布向前烫折后，缝上扣子作为眼睛装饰。
5.沿前袋表布位置，定出耳朵位置，并将耳朵外侧稍稍外翻，有折耳效果后以珠针固定。
再将耳朵车缝固定于后袋表布上。右边重复此步骤。
6.完成可爱的小狗零钱包。也可随自己喜好设定其他动物的造型哦！！

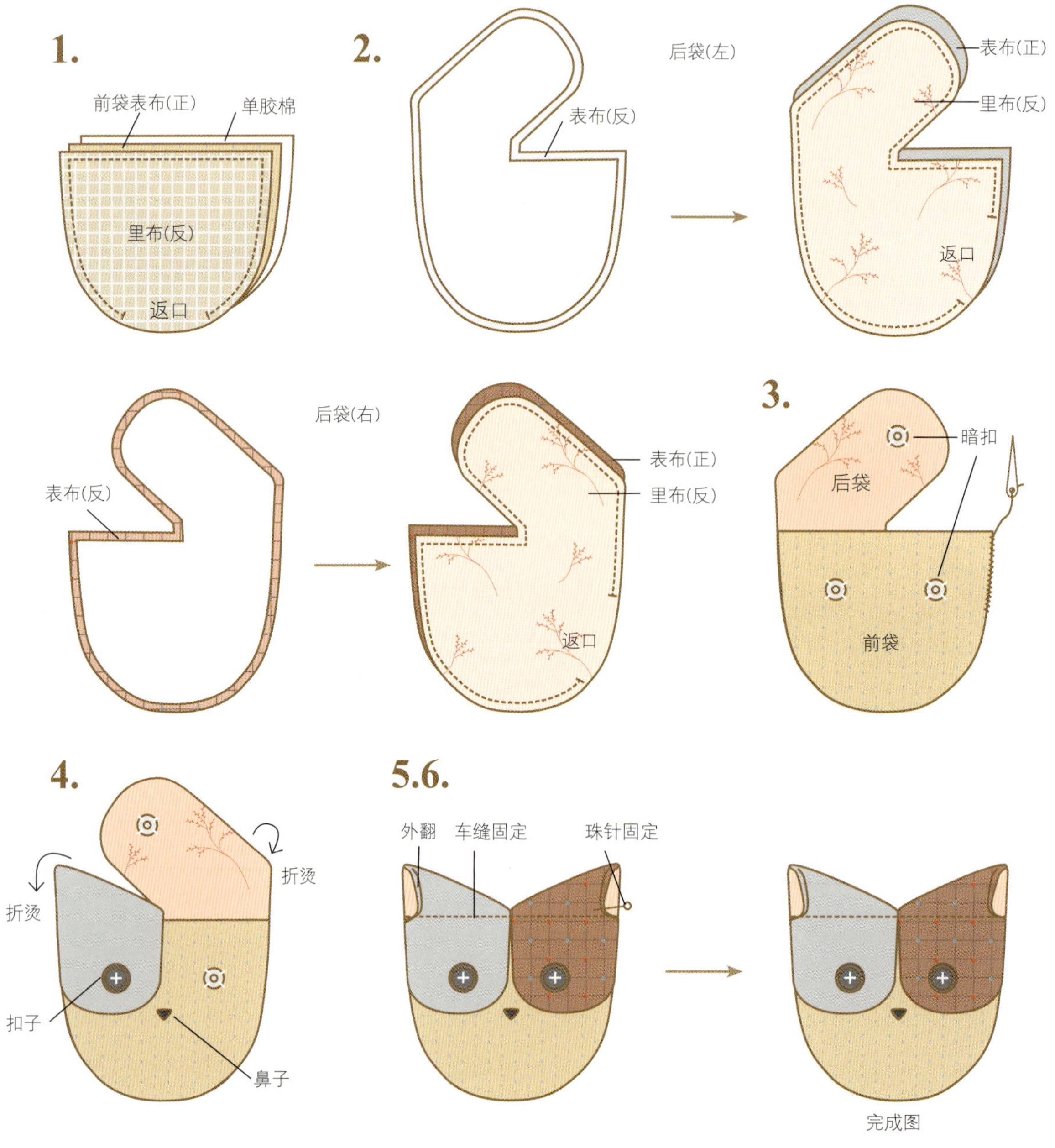

和风拼接背心

午后，阳光穿梭于房前屋后，
暖洋洋的光线恣意渗透。
我们都不说，只是安静享受，
这细腻的温暖，低调的浪漫。

●作品设计/魏廷仔&简雪丽老师 ●情境摄影/萧维刚
●教学摄影/FIONA ●编辑/刘芝颖 ●美术设计/林巧佳
●完成尺寸/约长66cm，宽37cm ●附原尺寸图

材料备注

- 配色先染布 4片各60cm
- 里布 150cm
- 66cm拉链 1条

HOW TO MAKE

1 将4块配色先染布裁成2cm×18cm长条状(不含缝份)，将其拼接。

2 将缝份烫开。

3 将各布片拼接成比纸型大的布片，再依纸型裁下表布后片。

4 裁出前片的上、下、左、右表布。

5 依纸型裁下领子，表、里各1片，烫上黑色薄布衬。

6 同样依纸型裁下里布的前、后片。

7 将前片表布的上下片车缝，其接缝处上下皆压一道装饰线，缝份烫开。

8 缝合表布前后片的胁边、肩部，再压装饰线。

9 缝合领子，抓出中心点再与表布正面相对以珠针固定，沿领口车缝一圈。

10 里布同表布做法车缝，并接合前后片。领子里布亦烫衬。

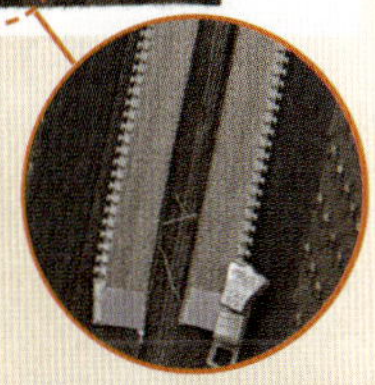

11 上拉链，表布翻正面，将拉链正面以布用双面胶贴上后车缝。

12 里布与表布正面相对，先将里布两侧片相对夹车拉链。

★拉链前端下折，多余处修剪。

13 再将领子表里布正面对齐，车合。

14 翻回正面的样子。

15 接着由正面抓出表、里布袖口的缝份，边内折缝份边车缝。完成表、里袖口。

16 翻回正面，沿袖口处压装饰线一圈。

17 再翻回内里，将表里布正面相对，留一返口(约15cm)，车缝下摆。

18 依下摆→拉链→领子→拉链→下摆的顺序车压一圈装饰线。

19 拼接背心完成。

和春天一起去旅行

碎花缩口上衣

- 作品设计／李青绮老师 • 情境摄影／詹建华
- 教学摄影／黄钰婷 • 编辑／李青绮・刘芝颖 • 美术设计／林巧佳
- 完成尺寸／SIZE：大人-Free／小孩-100~140cm(模特为120cm)
- 附原尺寸图

材料备注

- 棉布：
  大人 180cm(幅110cm)
  小孩 90cm(幅110cm)
- 缎带90cm
- 松紧带(宽1cm)：
  大人约100cm
  小孩约90cm
- 穿带器

尺寸参考

	身高	领口	袖口
大人		65cm	28cm
小孩	100cm	50cm	18cm
	110cm	52cm	19cm
	120cm	54cm	20cm
	130cm	56cm	21cm
	140cm	58cm	22cm

压布脚

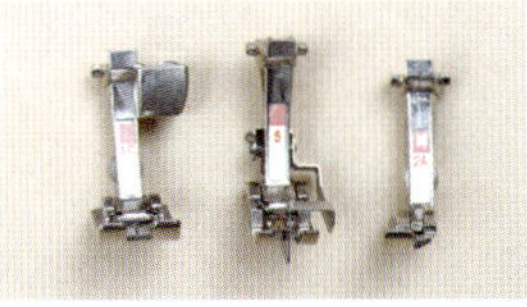

#1C 万用压布脚

在压布脚针口的前后都有小凹槽，易于向前或向后缝纫。平常缝纫或搭配花盘使用皆可。

#2A 布边压布脚

在压布脚底板的部分，多了针棒来固定每一针，也让布边不易变形或翘起来，所以很适合用来车缝布边。

#5 暗针缝压布脚

在压布脚的中间多了一个挡片，可将布折叠之后对齐挡片缝纫布边。

- **使用机型：BERNINA580**

缝制前备注（★号处先行拷克）

〔前片×1〕

〔后片×1〕

〔袖子×2〕

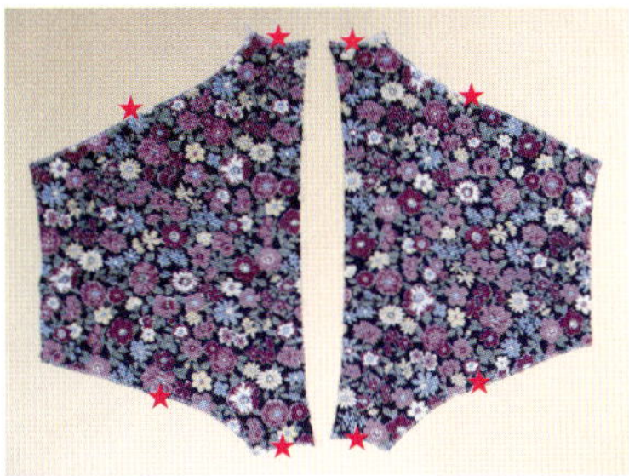

1 将前片与袖子接合。(图中所指处要记得对齐合印记号喔！)

2 两边前片与袖子接合完成。

3 后片所标示的地方为松紧带通口，为1.3cm。

4 如图，开口处1.5cm不车，此处留作松紧带通口。

5 如图，后片与袖子接合完成。(要记得对齐合印记号喔！)

6 如图，将前、后片与袖子接合处的缝份烫开。

7 接合肋边。开口处1.5cm不车，此处留作松紧带通口。

8 如图。肋边接合完成。

9 将肋边缝份烫开。

10 拷克领口及袖口。使用花盘3号、压布脚#2A、幅度4.5、密度0.6。

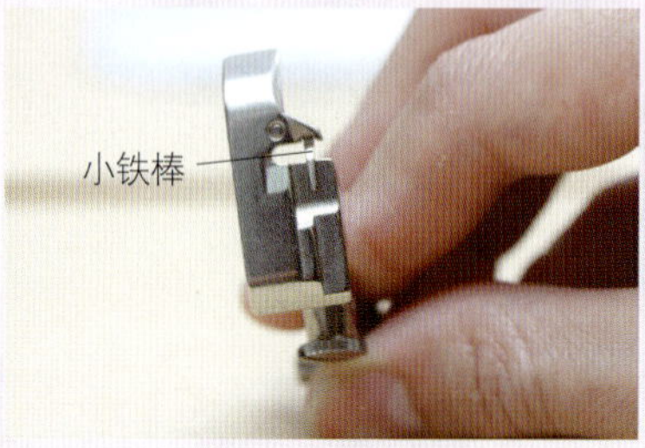

11 拷克时布边对齐压布脚底下的小铁棒，如此就可以轻松完成薄布拷克。

12 如图，领口、袖口完成拷克。

13 将领口缝份烫入3cm，袖口缝份烫入2.5cm。

14 将领口车两道线，距边缘1.5cm、1.2cm各车一道。

15 领口一圈以珠针固定，将布边对齐针板上1.5cm的刻度(图中所指处)，以压布脚#1C、密度3.0，直线车压一圈。

16 以压布脚边缘对齐前一步骤车的第一道线，并将针位往左移3位，同样以压布脚#1C、密度3.0，直线车压一圈。

17 如图。领口完成2道压线。

18 将袖口1cm处车压一圈。将布边对齐针板上1cm的刻度(图中所指处)，以压布脚#1C、密度3.0，直线车压一圈。

19 同步骤16。车压第二道线。

20 如图。袖口完成两道压线。

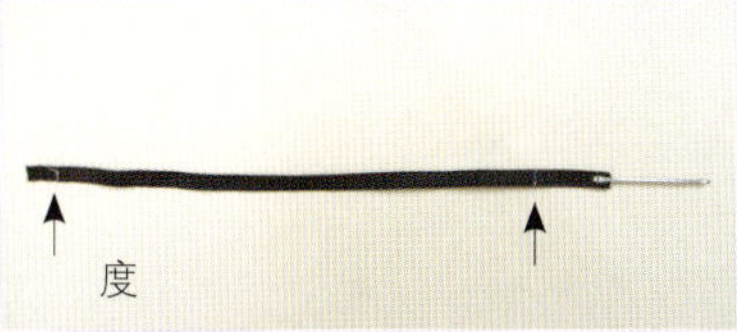

21 可于松紧带上做上长度记号。

22 如图，使用穿带器将松紧带穿入领口、袖口的松紧带通口。

23 将松紧带从松紧带通口穿出后，将松紧带头尾交叠1.5cm，并来回车3道固定。

24 如图，领口、袖口的松紧带完成。

25 将上衣下摆的缝份三折1cm烫好。

26 使用压布脚#5、密度3.0、针位右移5位，直线车压一圈。

27 如图，下摆完成。

28 将领口、袖口的松紧带的通口以藏针缝方式缝上。

29 如图，上衣完成。

Quilt Freast
拼布的艺术飨宴

灿烂千阳（第二回）

A Thousand Splendid Suns

◆作品设计／徐旻秀老师 ◆情境摄影／詹健华 萧维刚(袋子)
◆教学摄影／陈启予 ◆文字编辑／tammy ◆美术设计／林巧佳

洒落一地的阳光，
透过窗，
驱散了初春的微凉。
我在这里细细密缝……
热情在心底酝酿着。
准备出发！

【连载壁饰全视图】

★等份可自行设计

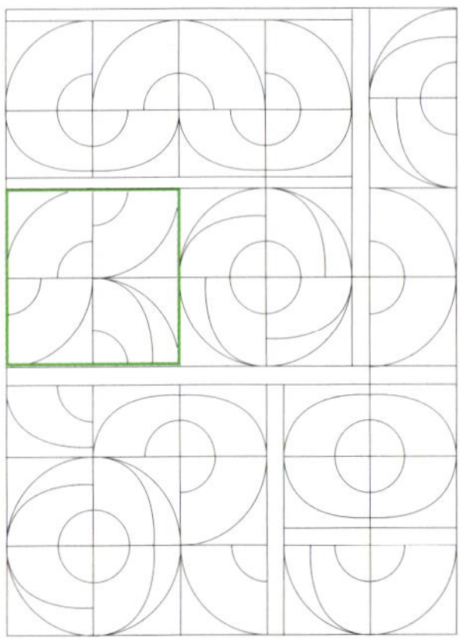

绿色框为本期示范图形。

旻秀老师的私人 小 贴 士

烫细部的小熨斗，因为身长的关系加上加热后的热度，让收纳或待机时很难摆放。这个时候，不妨准备一个不用的杯子，专门来伺候小熨斗，这样就不会在待机时让小熨斗怎么放都不对，也不会一不小心就烫到自己！

材料备注

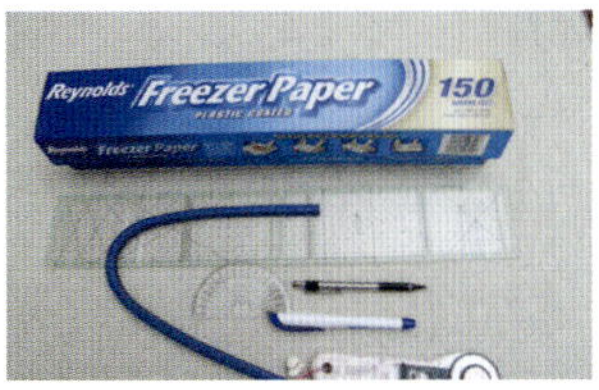

- 圆规
- 直尺
- 量角器
- 曲线尺
- 自动铅笔
- 裁刀
- 冷冻纸

撕图技巧

继上一期的图形示范和利用描图纸快速拼接车缝做法后，接下来就是要将描图纸“不留痕”地撕下来！

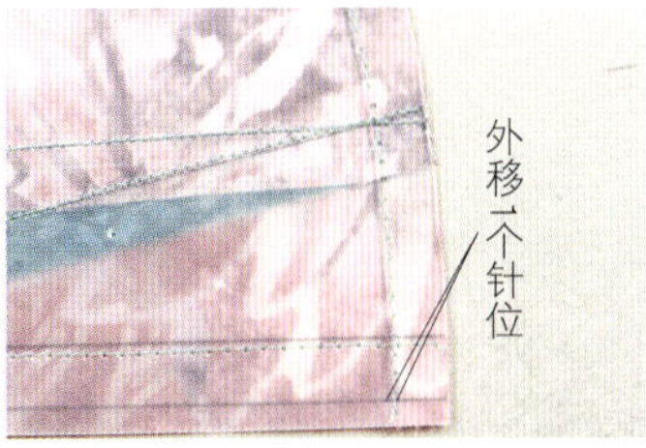

1 固定描图纸，完成图形拼接后，需由背面沿着图形缝份线外移1个针位，针距2.5，车缝固定。

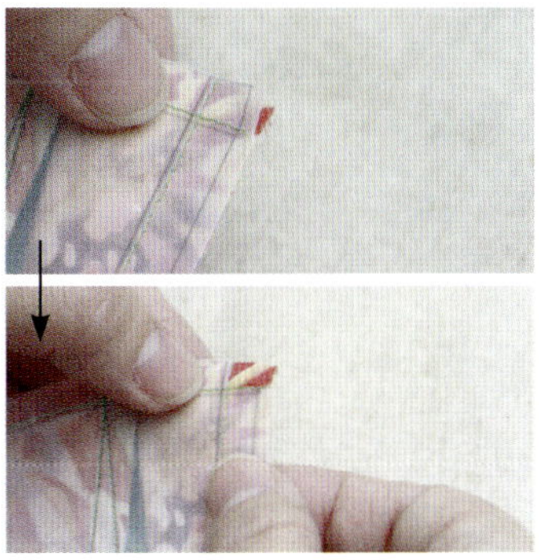

2 撕掉描图纸，先将最角落边的描图纸拨开，撕下第一个角落。

3 再撕下另一端的直角。

4 利用指甲将第一道描图纸向内刮平。

5 沿线撕下描图纸。

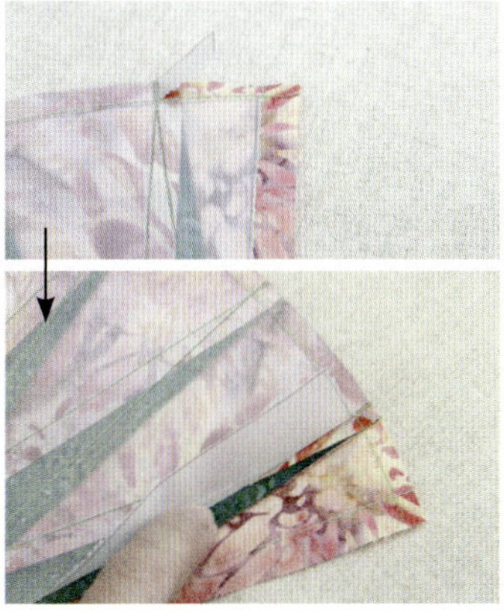

6 撕上方第二道描图纸。接着同样折平缝线描图纸，撕下。

7 依上述方法，将描图纸撕完，这样纸张就不会留在布上了。

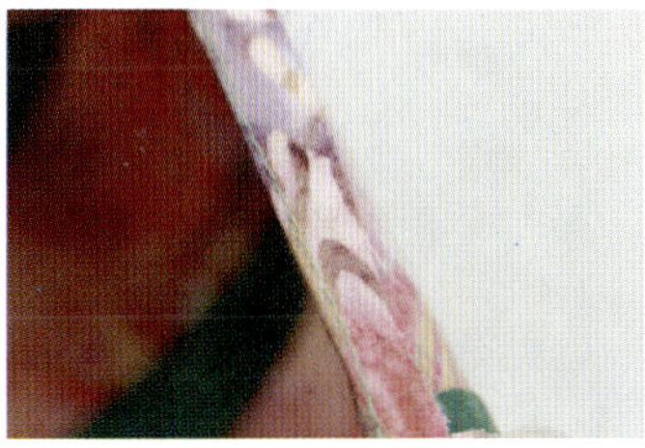

8 接着将缝份内折，需连同外移针位的缝线处。

9 如图，将整个含外移1针位的缝份内折。

10 涂上薄薄的布用口红胶后，再将缝份轻压贴合。

11 裁一片22cm×22cm的主布，将代表光芒的布片轻涂口红胶后对齐贴上。

12 利用缝纫机上的花盘如毛毯边缝、密针缝或暗针缝将布片的圆弧处缝合。

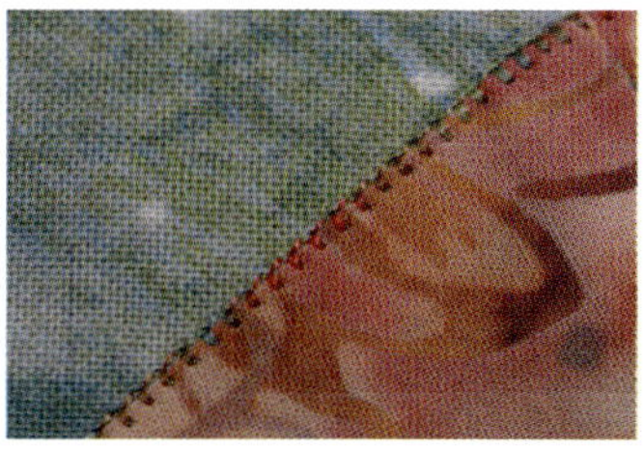

13 毛毯边缝：幅宽1.1、密度1.8。

14 留缝份约0.7cm将多余布片剪下。

15 利用半径8.5cm的圆，裁下1/4圆的冷冻纸，烫于布上后留缝份剪下。

16 圆弧处的缝份内折，轻涂布用口红胶后再贴于主布上，撕下冷冻纸。

17 以毛毯边缝缝合，完成光芒四射的布片组合。

光芒制图法

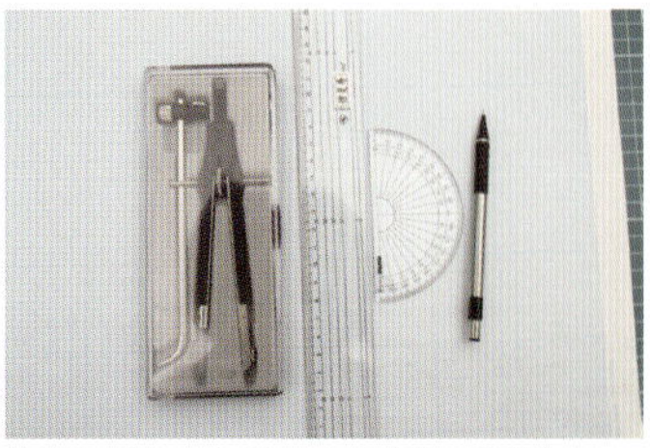

制图工具：直尺、量角器、圆规。

1 画边长20cm的正方形后，以一个顶点为圆心，以半径8.4cm画1/4圆。

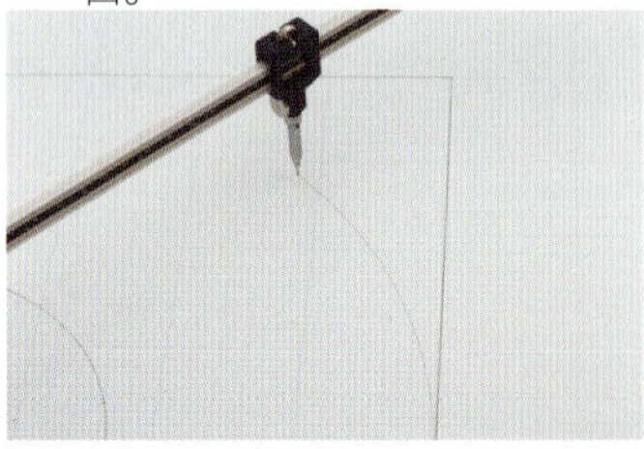

2 再以半径20cm画1/4圆。

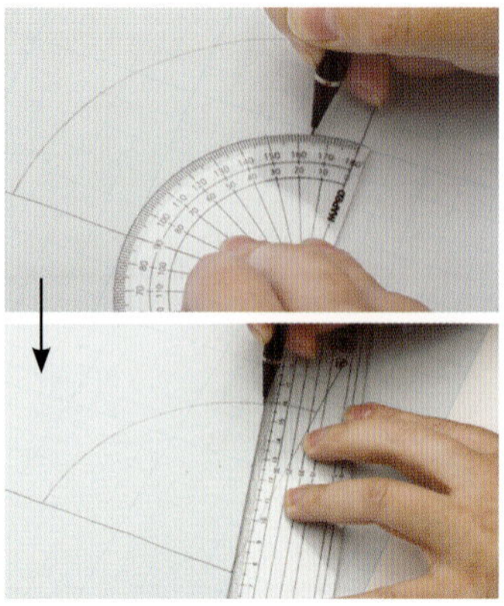

3 用量角器每隔15°做一条记号线，将圆心角分六等份，并延伸线条至小圆的线上。

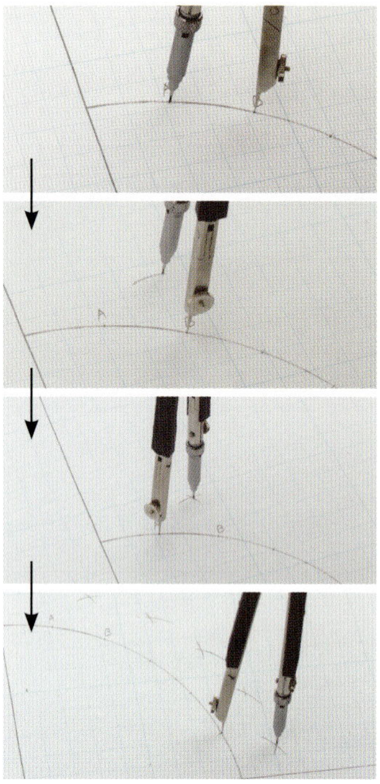

4 分别取六等份的每个中心点。

5 从圆心出发，分别经过六等份的各个中心点画线，六条线与半径20cm的圆相交于六个点。

6 如图，将两个圆弧上对应的点做连接。

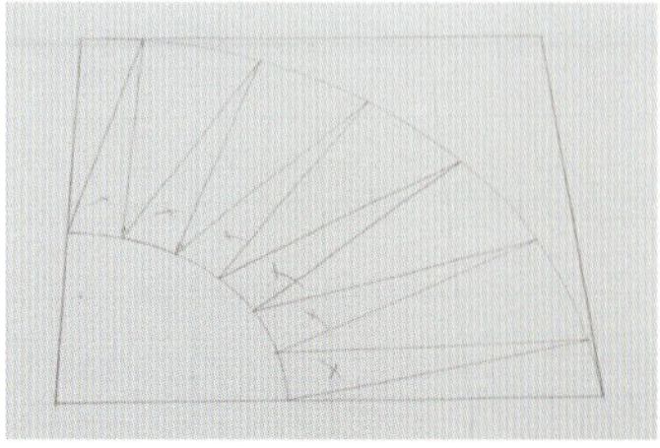

7 制图完成。

变化版

1 同样画边长20cm的正方形，再以半径8.4cm和半径20cm画1/4圆。

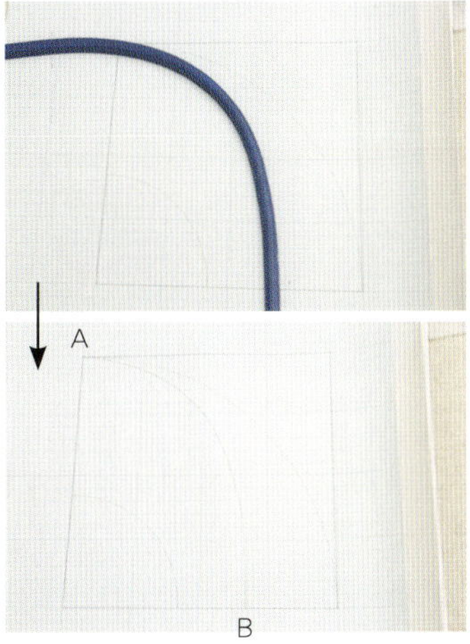

2 曲线尺由A至B，依自己所需的圆弧画出1/4椭圆的范围。

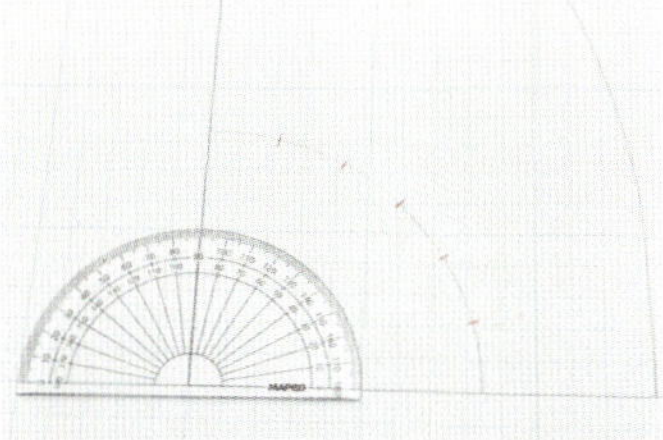

3 量角器中心对准正方形左下角顶点画1/4圆，利用量角器每隔15°做记号，将圆弧分六等份。

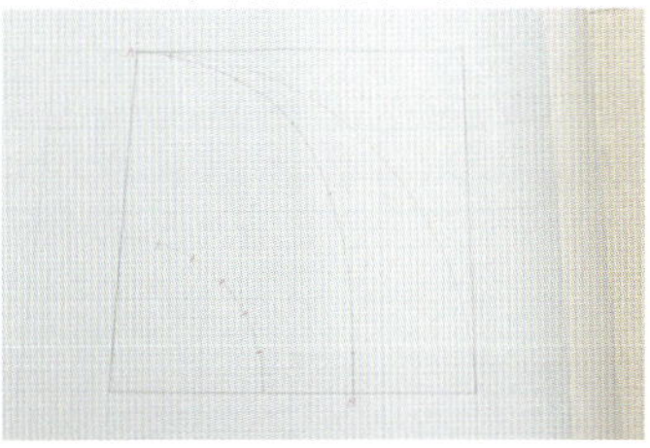

4 量A至B的总长约39cm再除以6，每份6.5cm，两端取一半即3.25cm，中间五段均为6.5cm，依此画记号点。

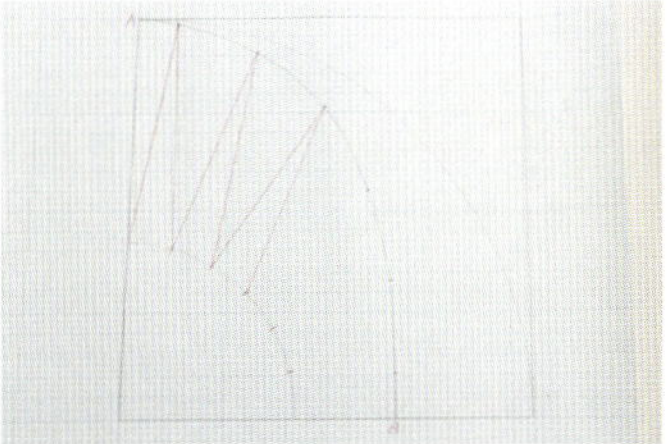

5 将上、下的记号点做连接。

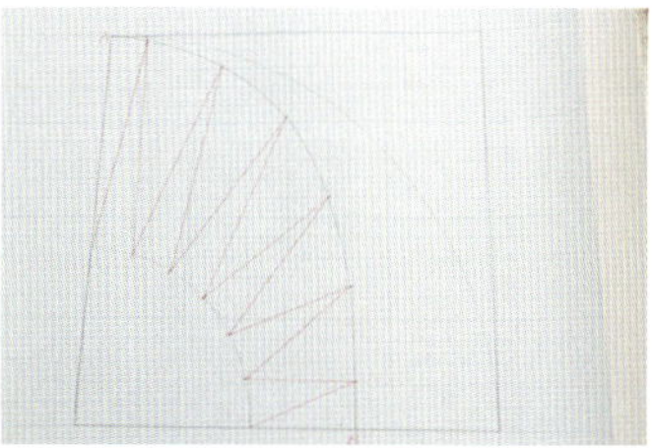

6 制图完成。

作品欣赏

阳光炫彩提包

如阳光般绚烂，
拼接出热情与元气！
眼前，春日这片高高的天空，
温和地守望着，
即将吐露花苞的小花。

◆ 完成尺寸 / 长27cm，宽30cm，厚14cm

将54期P.75的设计应用于袋物上，别有一番亮点！

创作当代拼布 (Contemporary Quilt)

用现代人的意念和手法，表现出个人的风格，减少了传统的规矩。使用抽象的表达，在造型上表现不协调画面，制造视觉冲击，这就是当代拼布的艺术风格。

在无限制使用非传统技法之外，制作上也用较鲜明的色彩，使画面有强烈的视觉冲击，因此创作者可使用绘画的表现方式，如植物写生、手染、版画、立体实物等。

在材质选择上也千变万化，除布料外，铁、铜、锡、皮都可用，随心所欲发挥。

文字提供／陈节老师　摄影／何昱菁　美术设计／陈启予　场地提供／无心的梦艺术音乐餐厅TEL：037-870000
单元协助／布能布玩拼布生活工坊（台中河北店）TEL：04-22450079

旋转

传统的保存是很重要的，因为许多拼布的创作是经由传统的途径制作而来的。在几何造型里，圆形算是最常见的基本元素了，日常生活中，不论是天然的还是人工的，都有许多圆形结构的组织。

作品中我利用一个大圆来做对等的切割，再用色彩表达光线面特殊的视觉效果，营造出宇宙转动的变化，用抽象概念拓宽拼布艺术表现的领域。

作者／陈节老师
尺寸／130cm×135cm

圆舞曲

在教学制作时，我和学员们经常讨论创作的过程，对于颜色、形状、造型和比例，我无时无刻不在思考，并将其视觉化。
而创作起步时，若无法控制布局大的画面，可将其缩小再来组合，再利用不对称的表现方式交错搭配，让圆形与条纹产生复杂的力量。

作者 / 陈春霞
尺寸 / 126cm × 126cm

漫舞

将椭圆形单片切割成四分之一的弧形，
再运用色彩互换处理，缝合后，使视觉达到丰富多彩的效果。
当然选择布料的色彩很重要，不过切记织品上的图案也要慎选，
以期用独特的元素营造非凡的艺术效果。

作者 / 李青绮
尺寸 / 128cm × 174cm

欢庆

许多拼布的设计会带来无尽能量的传达，也会产生许多美学上的效果。这里运用了四分之一椭圆的弧形切割，如果让裁切的弧形有所变化，将创造不同的画面组合。同时外围轮廓的轮状图案，也会让整体产生伸展效果，使拼布更有意趣。

作者 / 徐粹祯
尺寸 / 178 cm × 178 cm

★感谢支持！本单元推出后读者反响热烈！ 欲报名陈节老师课程请联系布能布玩拼布生活工坊（台中河北店）

2013 东京国际拼布嘉年华

TOKYO International Great Quilt Festival

◎图片·文字提供/海外特派员 指吸快子

一年一度的“东京国际拼布嘉年华”于2013年1月24～30日在东京巨蛋举行。今年展期仅有7天，比往年少了2天，但是每天都有3万以上的客流量，还创下一日入场人数超出上年150%的佳绩，是一场非常热闹的拼布盛典！

今年的特别企划“二位夫人的物语”展示了日本拼布家所敬爱的美国Tasha Tudor夫人(1915～2008)与英国Lucy M. Boston 夫人(1892～1990)的手作洋服及拼布作品。两位皆是年届高龄后开始勤于拼布制作，留下了许多非常棒的作品。不仅仅是拼布，其简单朴实的生活哲理，更是为日本女性所向往。会场里有部分展示区重现了她们的生活空间，使大家产生了浓厚的兴趣！

1

2

3

此外，还有每年定期举办的“友谊拼布”。今年主题是“与圆玩耍”，总共募集了超过一万多件的作品，还有日本及许多其他国家的投稿。会场内还展示了用投稿作品集结而成的大型拼布作品。

日本拼布作家们的新作品分成：“生命灿烂”、“旅行”及“与圆玩耍”3个主题展示区。从细腻的手缝拼布作品到精致的机缝拼布作品，无不令观众为之感动、着迷。

图1：Tasha Tudor 曾经穿的手作洋服
图2：重现 Tasha Tudor 的工作室
图3：Tasha Tudor 生前所使用的纺纱机

“我的布游戏”主题展示区展示了中岛凯西老师、齐藤谣子老师、黑羽志寿子老师、鹫泽玲子老师等8位作家的作品，将各个空间以布游戏主题来表现，是个非常棒的艺术展示区。各个展区还有迷你谈话秀及实际演出，平时能见到作者本人的机会不多，因此拼布迷们都把握机会与仰慕的作家亲身接触，使得展区一直爆满。

今年比赛的冠军作品，是相当精致且富含艺术性的机缝作品，颇具现代艺术之风。准日本拼布大奖则是手缝贴布缝的美丽作品。此次比赛的水准之高以及报名作品使用技巧之多，都让观赏者皆感到钦佩和惊叹。

另外，每年都有很多店铺会配合拼布展发售最新的商品，这次有超过300间的店铺参与盛会，摊位的体验活动也很充实，受到了客人的好评，展区几乎一天都无法逛完。

图 4：日本拼布大奖得奖作品 “Shining Tree” 森田圭子（富山）
图 5：准日本拼布大奖得奖作品 “I Love Red” 藤田良子（大阪府）
图 6：友谊奖得奖作品 “Heart of Mine” 南久美子（福冈）
图 7：展位“我的布游戏”中鹫泽玲子老师的《针包演奏》展示的各种各样可爱的针包
图 8：展位“我的布游戏”中黑羽志寿子老师正为外国拼布爱好者签名

2013小关铃子
特别讲习活动报道

日期：2/23・24(台北)・25(台中)

当代最受瞩目的日本拼布大师之一——小关铃子老师，一向以鲜明的色彩、活泼的搭配、充满活力的设计风格而广受好评，是一位在世界各地都拥有许多忠实粉丝的人气名师。

喜欢旅游、种花，通过观察，总能巧妙地把大自然的风景和拼布融合成美丽的作品。

与日本有轮商店独家配合设计推出新布之后，不断创新并融入时尚元素，让“拼接”多了玩色彩的乐趣，让拼布愈来愈受手艺市场的欢迎。在手作和家饰配件的应用上更加具有时代的多元性！同时也受到了年轻一代拼布老师的青睐。

▲老师与壁饰讲习作品合影。此作品为今年东京国际拼布展海报作品的姊妹作，充满时尚元素。

▲针对学员们的问题，通过翻译老师将技巧一一说明。

小关铃子

东京出生。毕业于文化服装学院。1978年开始学习拼布。
师从野原雅克，曾任拼布学校讲师。
现在掌管“La clochette”。于住所开设小班教室，担任朝日Culturecenter立川、Vogue等学园讲师。
与日本有轮商店独家配合设计推出原创花布，在亚洲及欧美各国皆广受拼布人喜爱。

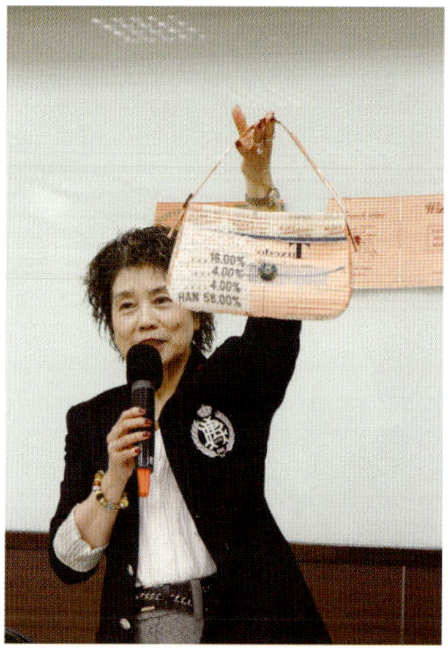

▲特别课程示范作品，时尚肩背包。

▲此次来台，老师还特别带了二位高手助理来帮忙。

▲学员们个个聚精会神地聆听。

▲壁饰课程，上课！

▲将做法逐一讲解，让学员更能了解老师的设计概念！

创作经验分享

2013年2月，初春之际，小关铃子特意在百忙之中带着新设计的布作来台湾分享她的设计技巧与想法，并且通过与学员面对面的互动提供给大家有关拼布创作的宝贵建议。

看到课堂上学生们专注的眼神，就足以证明小关老师的魅力果然不同凡响！借此机会，小编可一睹老师的教学魅力，还能趁老师休息时，挖掘一下老师的创作灵感。

老师说：创作灵感其实就在我们的生活中，一片叶子、一朵花、一件衣服都是取材的来源，通过观察随手记录下来，再借由物件延伸出不同的联想和变化，即使一块长方形的布片，搭配不同的抓褶方式就会呈现出不同的视觉变化，按想象加入拼布元素，只要多加尝试，就会发现很多乐趣在里头。

▲台北场合照。

提到平时最大的乐趣，老师笑着说，就是逛百货公司、看杂志，还有出国旅行，每一个国家，每一个季节，橱窗就是一个小小的展示场，里头展示的精品、色彩的呈现，都是创作的素材，这也是为什么小关老师的设计会多一份都市时尚感的最重要的原因吧！

所以建议学生下回逛街别忘了多多欣赏橱窗摆饰，那可是当季重要的流行信息哦！记下来带回去，就可以尝试将颜色分类，并进行不同的搭配，说不定就会有好灵感出现。

▲台中场合照。

最后，老师提到拼布的最大重点就是“配色”，很多学生都会有相同的问题，就是不知如何抓到自己的风格和配色的协调性。

其实配色是个很主观的选择，在还不是很清楚自己喜欢哪个类型的色调时，不妨由模仿开始！因为在模仿的同时也会产生出自己的想法，再排列出自己喜欢的色调顺序。遇到瓶颈时不妨和老师多沟通，慢慢地修正，找出自己喜欢的色系。相信几次下来，就能自然而然发展出个人独特的配色风格啰！

著作权合同登记号：图字16—2012—087

图书在版编目(CIP)数据

拼布袋物语.2/首翊股份有限公司著.—郑州:河南科学技术出版社，2013.10
（巧手易；55）
ISBN 978-7-5349-6529-6

Ⅰ.①巧…　Ⅱ.①首…　Ⅲ.①布料-手工艺品-制作　Ⅳ.①TS973.5-64

中国版本图书馆CIP数据核字(2013)第206477号

出版发行：河南科学技术出版社
地址：郑州市经五路66号　邮编：450002
电话：(0371)65737028　65788613
网址：www.hnstp.cn
策划编辑：刘　欣
责任编辑：杨　莉
责任校对：柯　姣
印　　刷：北京盛通印刷股份有限公司
经　　销：全国新华书店
幅面尺寸：214 mm×285 mm　印张：5　字数：250千字
版　　次：2013年10月第1版　2013年10月第1次印刷
定　　价：38.00元

如发现印、装质量问题，影响阅读，请与出版社联系并调换。